2024 年天津市教委人文社科项目
"多元主体协同模式下非遗产业新质生产力提升策略研究"
（项目号：2024SK030）

# 从传统技艺到产业技术

## 汾型酒技术文化风格的
## 社会形塑研究

From Local Craft to Industrial Technology:
A Study on the Social Shaping of Fen-Flavor Liquor 's Techno-cultural Style

王俊雅 著

天津出版传媒集团

天津人民出版社

图书在版编目（CIP）数据

从传统技艺到产业技术：汾型酒技术文化风格的社
会形塑研究 / 王俊雅著. -- 天津：天津人民出版社，
2025. 5. -- ISBN 978-7-201-21123-7

Ⅰ. TS971.22

中国国家版本馆 CIP 数据核字第 20255S9C46 号

从传统技艺到产业技术:汾型酒技术文化风格的社会形塑研究
CONG CHUANTONG JIYI DAO CHANYE JISHU:
FENXINGJIU JISHU WENHUA FENGGE DE SHEHUI XINGSU YANJIU

出　　版　天津人民出版社
出 版 人　刘锦泉
地　　址　天津市和平区西康路35号康岳大厦
邮政编码　300051
邮购电话　(022)23332469
电子信箱　reader@tjrmcbs.com

策划编辑　郑　玥
责任编辑　佐　拉
装帧设计　李　一

印　　刷　北京虎彩文化传播有限公司
经　　销　新华书店
开　　本　710毫米×1000毫米　1/16
印　　张　16
插　　页　2
字　　数　260千字
版次印次　2025年5月第1版　2025年5月第1次印刷
定　　价　89.00元

# 前　言

　　当代科技社会学正在发生从"科学事实的社会建构"到"技术人造物的文化建构"的转向。本书以我国三大名白酒之一的"汾酒"为研究对象，探究其技术文化风格的特质及其社会形塑过程，旨在拓展关于传统技术与社会文化之间互为表里、相互建构关系的理解，推动我国传统技术的现代化发展。

　　本书主要采用田野调查方法，对汾阳杏花村清香型白酒的酿制技术和产业发展进行实地考察和调查研究。调研发现，汾型酒作为一种物质文化兼具技术性和文化性的双重特质，其"清香型"风格不仅来自口感和化学分析，也具有文化审美的含义。清澈透明、清香纯净，味道醇厚、淡雅悠远，得造花香、道法自然，构成了汾型酒技术文化风格的要素和特色。

　　本书将"文化"和"技术"并置，从建构论的理论视角探究汾酒作为一种技术文化的社会形塑机制。本书的叙论逻辑按照历史脉络展开，以汾型酒技术文化风格的形成过程为主线。具体来说，汾酒技术文化风格的形成大体经历了技术定型、科学化和产业化，以及风格的重构等几个阶段。

　　一是酿造技术定型阶段。汾型酒"清楂法"的酿造工艺在民国时期的定型，离不开"诚信义利"的地方文化。同时，晋商商帮的兴起，一方面使得已经在汾阳形成"世业"的汾型酒，在激烈竞争中进一步确定了酿造方法；另一方面，也将其沿晋商开拓的黄金茶路带到全国各地，饮用汾酒成为晋商文化资本的体现。

二是酿造技术科学化、产业化阶段。一方面,新中国成立以后,国家轻工部派技术专家对传统的汾酒酿造技术进行"写实",将过去模糊的经验技术用科学手段进行分析和总结,汾酒酿造技术得以再定型和再确定;此后,以汾酒集团为核心的汾酒企业又进一步制定了汾酒酿造的明确标准。另一方面,由于汾酒酿造在地方社会的重要经济杠杆作用,政府通过制定相关政策,推动了汾酒产业化的发展。

三是汾型酒技术文化风格的重构阶段。改革开放以来,随着人们消费需求的分化,过去对于白酒"清"和"烈"的单一追求逐渐分化为"健康""时尚""尊贵"等多样化需求,汾酒的技术文化风格发生了重构,从酒体设计到产品营销等方式,都迎合了新的消费需求。

通过对汾酒技术文化风格的社会形塑过程的考察,本书引入一种技术研究的"强文化"范式,将对技术的社会研究拓展到对技术文化的社会研究。同时,本书对传统技术进行"技术文化风格"的分析,也为物质文化和技艺史等相关研究提供了一种新视角。

# 目录 CONTENTS

第一章

# 绪　论

## 第一节　研究问题和研究背景

### 一、研究问题

　　传统技术与传统文化互为表里,对于剖析人类社会的发展进程、人与物的关系、消解工业革命的弊端[①]等具有重要的意义。一直以来,学界不乏对传统技术的研究,尤其是随着中国传统工艺由业内的"保护"转变为国家战略的"振兴",围绕传统技术,民俗学、人类学、民族学等不同学科开展了传统技艺的复原、整合和"非物质文化传承""非物质文化遗产保护"

---

　　[①]　王红昌.神垕钧瓷的社会意向——一项传统技术的行动者网络分析[D].天津:南开大学,2011:2.

等方面的研究。

结合传统技术研究的"日常转向"，①本书选取兼具技术性和艺术性的中国名酒作为研究对象。一方面，白酒的酿造是一种极具中国特色的传统技术。凭借独特的酿造方法和发酵方式，中国白酒在世界烈酒中独树一帜，"中国蒸馏酒传统酿造技艺"入选为"人类口头及非物质文化遗产代表作"名录。②汾酒曲蘖酿酒、地缸发酵的酿造方法传统、历史悠久，能够较为突出地代表中国白酒的酿造技艺。同时，地处煤炭资源大省山西，汾酒的发展又不仅仅是单纯作为一项技术的线性发展。山西从"煤炭经济"到"白酒产业"的"黑"转"白"的发展，为汾酒在新中国成立以来的技术和产业发展上提供了一个富有戏剧性的考察背景。不论是 20 世纪 80 年代以来汾酒在国内轻工业"一骑绝尘"的地位的获得，还是 1998 年在"朔州假酒案"发生之后，汾酒发展的受挫，技术的发展都深深受到社会环境的影响和塑造。

总的来说，本书综合运用技术社会学、历史社会学、产业社会学等学科视角，将汾酒视为涵盖了技术—文化要素的有机实体，围绕"汾酒何以从一种地方的传统技艺发展成为产业技术"的核心议题展开论述。在关注汾酒从地方走向全国、从无名走向知名的过程中，注重对汾酒技术文化风格特质的分析及其在社会形塑下技术文化风格变迁的梳理。

## 二、研究背景

### （一）技术研究的文化转向

技术研究的文化转向是研究者将研究的重点从"知识"转向"实践"，

---

① 张柏春，李成智，主编.技术的人类学、民俗学与工业考古学研究[M].北京:北京理工大学出版社,2009:引言5.

② 《汾酒通志》编纂文员会.汾酒通志:第8卷大事记[M].北京:中华书局,2015:437-438.

从"科学事实的社会建构转移到科学对话和技术人造物的文化重构"的结果。①实际上,文化转向的发生具有深刻的社会和学科背景。长期以来,主流社会学热衷于对外在时空的普遍规律性或一般形式的探究,文化所呈现的相对性、不确定性、多样性和过程性常常不被纳入社会学的研究范畴,即便对文化的研究也将其视作不重要的表象。②两次世界大战的爆发挫伤了启蒙乐观主义的信心,动摇了实证主义的社会基础,再加上资本主义消费社会的崛起和资本的全球化扩张,主流社会学对于解决新问题已经显得捉襟见肘。③人类学家对西方殖民侵略的文化思考逐渐进入社会学家的视野。

人类学家对于技术的认识也经历了一个不断更新的过程。从 19 世纪末、20 世纪初将技术和物质文化的研究作为考古发现的重要内容,到 20 世纪技术研究的短暂回落,再到 20 世纪 60 年代,伴随着反主流文化运动、反战运动及女权运动的兴起,"技术与帝国主义"的课题逐渐显现,得到了人们的大量关注。④技术知识逐渐被纳入知识类型中来,并被赋予了文化的意义。正是为此,本书对于技术的研究不停留在技术社会学所关注的技术话题上,而是由此引申,将技术背后的技术人工物与地方社会、文化背景等因素广泛联结起来。从某种程度上说,科学的社会研究将科学作为一种文化现象来研究,也暗含了科学的人类学研究角度(anthropological perspective),技术现象亦如是。正如技术史学家白馥兰(Francesca Bray)所说:"技术选择涉及的因素构成了一幅图,其中的一些因素是材料,一些因素是天气,还有一些因素是'谁是村庄首领',以及'我的孩子

---

① 王红昌.神垕钧瓷的社会意向——一项传统技术的行动者网络分析[D].天津:南开大学,2011:4.
② 郑震.文化转向与文化社会学[J].文化研究,2016(4):117-128.
③ 郑震.文化转向与文化社会学[J].文化研究,2016(4):117-128.
④ 陈凡,李勇.面向实践的技术知识——人类学视野的技术观[J].哲学研究,2012(11):95-101+129.

正在哭闹'之类的。"①白馥兰借此比喻来说明在技术史研究中不能摒弃社会的维度,仅仅从内史的角度出发还不够,还要同时结合物质维度和文化维度。实际上,在经历了技术工具论、技术实体论的认识之后,西方的技术观逐渐走向了技术建构论,将技术实践看作社会实践的重要组成部分。②他们已经逐渐将包含了技术要素的物视作人类活动的"界面"。在这个界面之上,我们能看到人与物、物与物之间的特定关系。③正是因为技术与文化、社会之间的深刻关联,本书在研究中特别重视作为技术凝结物的汾酒与其背后的文化、社会因素之间的关联,运用技术—文化综合的视角考察物质文化的变迁历程。

### (二)现实背景:传统技术的现代化

首先,传统技术与传统文化互为表里,具有文化方面的意义和价值。④与现代技术相比,传统技术注重直观体悟,讲究人与技术的和谐发展,在许多方面能够帮助人们消解工业革命带来的种种弊端,具有现代技术所没有的文化内涵。⑤在 2017 年召开的中国共产党第十九次全国代表大会上,习近平总书记提出,要"推动中华优秀传统文化创造性转化、创新性发展","深入挖掘中华优秀传统文化蕴含的思想观念、人文精神",并"结合时代要求继承创新,让中华文化展现出永久魅力和时代风采"。作为"中华优秀传统文化"的一部分,近年来,传统工艺的研究日益丰富

---

① 章梅芳,白馥兰.技术作为一种文化与社会建构[J].广西民族大学学报(哲学社会科学版),2018,40(06):141-151.
② 张成岗.西方技术观的历史嬗变与当代启示[J].南京大学学报(哲学.人文科学.社会科学版),2013,50(04):60-67+158-159.
③ 陈凡,李勇.面向实践的技术知识——人类学视野的技术观[J].哲学研究,2012(11):95-101+129.
④ 崔琰,陈颖.传统技术现代化与可持续发展[J].四川建筑,2003,(02):23-24.
⑤ 王红昌.神垕钧瓷的社会意向——一项传统技术的行动者网络分析[D].天津:南开大学,2011:2.

起来。

2003年,中国传统工艺研究会曾经将传统工艺按行业分为工具器械制作、农畜矿产品加工、营造、雕塑、织染、编织扎制、陶瓷烧制、金属采冶和加工、家具制作、文房四宝制作、印刷、刻绘、特种技艺和其他这十四大类。①在这些分类当中,我们可以看到,大部分的传统工艺都与古代社会生活的实际需求相适应,而渐渐与今天的物质生活相脱轨。诸如织染、文房四宝制作、印刷、刻绘等传统技术,在日益电子化和快速消费的时代,仿佛显得与日常生活的关联较少,有发展式微的趋势。然而作为传统文化的载体,不能仅仅用实用主义、功利主义的态度去衡量传统技术的价值。近年来,国家政策、地方政府、文化学者等多方面都从不同层面开展了对于传统技艺的复原、整合等工作。有学者甚至提出:"振兴传统工艺的根本目的,是解决中国人生活方式消亡的问题"②,试图引起人们对于日常手工艺的重视。在研究层面,对此类技艺的研究也多是站在"非物质文化传承""非物质文化遗产保护"等角度,为传统工艺振臂疾呼。费孝通在《江村经济》中也明确指出,传统力量具有与新生动力相同的分量,原因在于中国目前形成的经济变迁正是两种力量相对抗产生的结果。③因此,对于传统技术的研究具有重要的现实意义。

其次,中国白酒的酿造方法和发酵方式在世界的烈酒中独树一帜,与威士忌、伏特加、金酒、白兰地、朗姆酒并称为世界六大蒸馏酒,有重要的研究价值。④2008年,"中国蒸馏酒传统酿造技艺"(由汾酒集团公司与贵州茅台、泸州老窖公司联合成立的申报世遗项目)成功入选了中国向联合

---

①　张学渝.技艺社会史:传统工艺研究的另一种视角[J].东北大学学报(社会科学版),2017,19(01):15-19.

②　徐艺乙.手工艺,创造中国人的新生活方式[J].中华手工,2018(Z1):8-9.

③　费孝通.江村经济[M].北京:北京联合出版公司,2018:11.

④　李大和.白酒酿造与技术创新[M].北京:中国轻工业出版社,2017:绪论1.

国教科文组织申报"人类口头及非物质文化遗产代表作"名录。[①]2021年,为规范白酒出口名称,扩大国际影响力,中国白酒正式确定了官方英文名称:"Chinese Baijiu"。[②]与独特的酿酒技术相伴的是,酒文化在中国古代丰富多彩的面貌。

宋代朱肱在《酒经》中记载了白酒在中华文化中的多重功能:"大哉,酒之于世也。礼天地,事鬼神。射乡之饮,《鹿鸣》之歌。宾主百拜,左右秩秩。上至缙绅,下逮闾里。诗人墨客,渔夫樵妇,无一可以缺此。"[③]通过饮酒、祭酒和酒宴,人们完成了生命中的许多关键节点。在完成仪式性功能之外,由于酒的物性具有麻醉神经、放大情绪的物质特征,中华文化对于放纵饮酒而带来的礼崩乐坏的恐惧也从未间断。时代更迭,伴随着酿酒形式从家庭手工作坊到现代化工厂的转变,酿酒技术也从过去的依赖酿酒工匠的手艺掌握变为对现代化环环相扣的工艺流程的考验。饮酒的文化也从过去注重仪式性的形式变为现在彰显身份、地位的社交性质。除此之外,一部分官员借助"酒桌文化",酒场豪饮,彰显"关系"亲近,使得饮酒具有了属于这个时代特有的文化意味。近年来,伴随着国家政策对于"公务宴请"的限制及酒业政策的调整,官场饮酒之风似有遏制。然而酒文化应如何归位自处似乎又成了一种承载道德评判的文化选择。传统技术背后的文化负载给予了酿酒技术更为广阔的研究空间。

最后,作为内陆省份,又是资源大省,矿产开发一直是山西经济的一项重要支撑,"白色"产业的汾酒发展或可作为其转型发展的一项成功案例。近年来,国家层面多次提出转型发展、产业升级的发展要求,2017年"国发42号"文件对山西省进一步深化改革、促进资源型经济转型提出了

---

① 《汾酒通志》编纂文员会.汾酒通志:第8卷大事记[M].北京:中华书局,2015:437-438.

② 海关总署关税征管司,编.中华人民共和国进出口税则(2021年)[M].北京:中国海关出版社,2021:88.

③ [宋]朱肱等;任仁仁整理校点.宋元谱录丛编 北山酒经 外十种[M].上海:上海书店出版社,2016:13.

几点意见,提出要"努力把山西省改革发展推向更加深入的新阶段,为其他资源型地区经济转型提供可复制、可推广的制度性经验"①。笔者对以《山西日报》为代表的官媒对汾酒集团的评价和态度进行考察,发现其多次刊文,提出其为"山西为数不多的传统知名品牌企业之一",认为"汾酒是山西的一个产业品牌和文化品牌,从某种意义上说关系到山西的信誉",对于汾酒的发展尤其重视。汾酒发展与山西转型发展机遇之间的关系,使得其技术的发展路径与政治的现实层面相碰撞,具有极大的研究张力。

# 第二节　相关研究综述

## 一、关于技术的相关研究

### (一)技术与社会关系的相关研究

20 世纪 20 年代,伴随着技术在人类社会的高歌猛进,技术被视为历史演进的主角,人们将其视为具有内在逻辑价值的产物,技术决定论也由此兴起。②传统的技术决定论具有二元论的理论倾向,单向地看待技术发展与社会的关系,只承认技术发展对社会的影响和作用,而无视社会对技术发展的制约。③这样的认识以技术本质主义为其哲学基础,显然不能正

① 国务院关于支持山西省进一步深化改革促进资源型经济转型发展的意见[Z/OL].国发〔2017〕42 号 http://www.gov.cn/zhengce/content/2017-09/11/content_5224274.htm？trs=1（2017-9-11）〔2021-2-22〕.

② 冉奥博,王蒲生.技术与社会的相互建构——来自古希腊陶器的例证[J].北京大学学报(哲学社会科学版),2016,53(05):150-158.

③ 刘保,肖峰.社会建构主义:一种新的哲学范式[M].北京:中国社会科学出版社,2011:126.

确概括技术与社会之间的复杂关系。

随着建构主义在学界的影响日益扩大，人们对技术与社会的关系有了新的认识和思考。其中，以 1982 年在欧洲科学技术研究协会的一次会议为重要契机，特勒弗·平齐（Trever Pinch）和韦伯·比克（Wiebe Bijker）等人明确提出用建构主义的方法来研究技术，并于 1985 年合编了《技术的社会形成》(*the social shaping of technology*)的论文集，自此以后，技术的社会形塑（SST）就成为该研究的专业术语。[①]SST 理论在一定程度上是科学知识社会学（SSK，Sociology of Scientific Knowledge）的社会建构视野从科学知识领域向技术人工制品王国的延伸。进一步将技术人工制品置于社会建构的框架中，将理论重点放在社会是如何影响、塑造技术，即技术是如何在特定的社会条件下形成或定型的。把技术看作一个复杂的与社会相互作用中产生的，而不是孤立的、自主的、按所谓内在逻辑线性展开的过程。

一般说来，技术的社会形塑理论有三种主要的研究方法：一是社会建构主义方法。其核心观点认为技术的人工制品是向社会开放的。技术是社会建构的产物，它既非独立于社会之外也就不应排斥社会学分析。平齐和比克正是运用这种方法，对自行车的技术选择进行了精湛分析。该理论方法特别强调技术发展路径的"多向性模式"，重视社会群体对于技术设计和工艺内容的塑造。[②]然而该研究路径也存在一定的局限性，即过于强调社会因素的影响，再次陷入了技术决定论过分强调二元对立的陷阱当中。而技术的社会形塑论的第二种研究方法，即托马斯·休斯（Thomas P.Hughes）的"技术—社会系统观"则坚持用系统的观点考虑技术特征与社会环境，很好地规避了第一种方法的二元割裂问题。技术的社

① 刘保，肖峰.社会建构主义：一种新的哲学范式[M].北京：中国社会科学出版社，2011：118.

② Wiebe E. Bijker, Thomas P.Hughes and Trevor Pinch(ed.), *The Social Construction of Technological Systems*, MITpress, 1987:30.

会形塑论的第三种研究方法即行动者网络理论（Actor-Network Theory）。该理论将非人的行动者与人类行动者平等看待，将技术社会视为不同的行动者进行转译的结果。①

　　技术的社会形塑理论达成了用"无缝之网"的比喻来形容技术与社会之间的关系，然而在实际的理论运用之中，仍然侧重于强调社会对技术的影响和形塑。实际上，一些学者已经意识到了这个问题，SST的一些学者为避免从技术决定论的极端走向另一个极端，提出了技术既是被形塑的（shaped），也是形塑（shaping）社会的。②近年来，为避免二元对立的研究倾向，一些学者提出了新的研究取向来实现研究的平衡。从人类学的视野来看待技术的发展，技术观经历了从人工物中心观、建构主义中心观到技术—社会系统观的变迁，更多地强调经验性和建构论，而较少采用决定论的立场，强调语境的依赖。③他们认为，对"小写的"、具体的技术的研究，尤其是对起步、设计阶段的研究更能彰显社会与技术之间的整合。④还有一些学者提出了用实践的观点来整合技术与社会之间的关系，⑤提出社会与技术互构的观点。⑥

### （二）对于传统技术的研究

　　长期以来，在西方学界，人们习惯于按照西方科技史家的"大叙事"方

---

　　①　肖峰.国外SST研究述介[J].哲学动态,2001(07):26-30.

　　②　Donald Mac Kenzie And Judy Wajcman(-2nded.)*The Social Shaping of Technology*, Open University Press, 1999,P.VX.

　　③　陈凡,李勇.面向实践的技术知识——人类学视野的技术观[J].哲学研究,2012(11):95-101+129.

　　④　杨海红,邱惠丽,李正风.托马斯·休斯"技术-社会系统"思想探微[J].自然辩证法研究,2020,36(08):26-30+43.

　　⑤　张成岗.西方技术观的历史嬗变与当代启示[J].南京大学学报(哲学.人文科学.社会科学版),2013,50(04):60-67+158-159.

　　⑥　冉奥博,王蒲生.技术与社会的相互建构——来自古希腊陶器的例证[J].北京大学学报(哲学社会科学版),2016,53(05):150-158.

式将西方科技发展解读为“自然的”和“必然的过程”，却忽略了在古老的东方，没有被纳入现代科技范畴的传统技术沿着自身路径稳健发展。随着20世纪80年代历史学的社会史转向，以及科学技术研究的文化转向和人类学转向，[①]对于传统技术、手工艺的研究又再次兴起。

在技术史和科学、技术与社会领域，有大量研究在探讨技术与社会、文化等之间的相互关联。2009年，张柏春等主编的《技术的人类学、民俗学与工业考古学研究》一书出版，该书收录的著作除了采用科学社会史、科学知识社会学、科技思想史等视角研究古代科技史和近现代科技史之外，还转向了传统技术（工艺）的田野调查、抢救与保护。如书中第五讲的《西藏甲米水磨与咱把食用礼俗》所述的水磨制作技艺，以及第二讲《广西贡川造纸技术的人类学研究》关于少数民族地区传统工艺的保护，等等。他们希望通过田野调查对技术史进行研究，能够“发现未被历史文献记载的技术，特别是口传的技艺、身体技艺、技术细节等，填补文献和考古资料中的缺失”[②]。

对于传统工艺的研究，技术史和民俗学的研究常常有所交叉，但是侧重点又各有不同。如早期刘珺珺教授带领她的学生在贵州等地开展的一系列科技人类学的研究。其中，周小兵通过对当代村庄的研究探讨了乡村建筑和文化变迁的关系，发现当地的许多建筑都具有类似于杉木的造型，并且建筑的生命周期与杉木的使用之间有一定的内在联系。[③]王丽则围绕剪纸生命运动的变化轨迹，从窗上的普通装饰品、戏台造型再到礼品的变化，剪纸的形象摆脱了过去的乡土意味，具有了国际化的文化符号的

---

① 刘珺珺．科学社会学的“人类学转向”和科学技术人类学［J］．自然辩证法通讯，1998，（1）：24-31.

② 张柏春，李成智，主编．技术的人类学、民俗学与工业考古学研究［M］．北京：北京理工大学出版社，2009：引言2.

③ 周小兵．乡村建筑和文化教育变迁［D］．天津：南开大学，2002.

含义。①这些研究是运用人类学田野调查方法对传统技术研究的一系列成功尝试。

近年来,对于中国日用技术的人类学、民族学、民俗学与历史学的跨学科研究也日趋活跃。2003 年 5 月,柏林工大召集了建立"欧亚日用技术研究网络"的会议。2005 年 7 月,柏林工大专家柯尼希(Wolfgang König)、傅玛瑞(Mareile Flitsch)与中国专家华觉明在第 22 届国际科学史大会(北京)上组织了"转变中的中西日用技术"专题研讨会。其后,又相继在纽约和我国的云南组织了"中国日用技术、物质性与性别(1890—1960)"研讨会、"中国传统工匠与民间文化"研讨会。②正如民俗专家徐艺乙所说:"传统工艺与传统文化的关系不仅是一种文化的重要载体,还作为传统生活方式的一种重要物质基础而存在,正是其与日常生活密切的关系,与日常消费匹配的关系,使得其能够真正走入大众。"③

### (三)人类学视野下的技术、技艺与技能

最早对技术和技艺进行探讨的要数法国人类学家马塞尔·莫斯(Marcel Mauss)。在《论技术、技艺与文明》一书中,莫斯将"一种传统的、有效的行为"称为技术;而将"多种传统行为的组合,以产生机械的、物理的或者化学的效用"界定为技艺。④如果将技术分为借助本能产生的本能性技术、运用身体所产生的经验性技术,以及运用身体的延伸物所产生的解释性技术(科学的技术),⑤那莫斯的技术或技艺的概念则更介于本能性技术

---

①　王丽.蔚县剪纸流变与乡土文化表述[D].天津:南开大学,2003.

②　张柏春,李成智,主编.技术的人类学、民俗学与工业考古学研究[M].北京:北京理工大学出版社,2009:引言5.

③　徐艺乙.手工艺,创造中国人的新生活方式[J].中华手工,2018(Z1):8-9.

④　[法]马塞尔·莫斯,爱弥儿·涂尔干,亨利·于贝尔.论技术、技艺与文明[M].[法]纳丹·施郎格,编选.蒙养山人,译.北京:世界图书出版公司,2010:84.

⑤　张学渝.技艺社会史:传统工艺研究的另一种视角[J].东北大学学报(社会科学版),2017,19(01):15-19.

和经验性技术之间,更多的是从"物质效用"及"象征意义"的角度对其展开研究。基于此,莫斯提出"身体的技术"的概念,探讨了作为学问的文化实践及作为交流形式的身体性的行为举止和手势等内容。这种对技术的社会研究也与把语言、心理学和社会规范联系起来的法国传统一脉相承。

参与编写李约瑟(Joseph Needham)《中国科学技术史》项目的白馥兰的技术思想史中一以贯之的线索即为技术与社会。其研究遵循着"自技术而来,向社会而去"的理论进路。①在《技术与性别》中,白馥兰将研究视野置于晚清帝制中国,从科技人类学的视角讨论构成社会体系、提供特殊群体交叠信息的重要系列科技(sets of technologies)——"妇术"(gynotechnics)的一套科技(包括房屋建筑、纺织和生育等方面)入手,研究发现西方传统科技概念,即"作为一个知识和设备的体系,使高效或低效的物质产品的生产得以进行,并对环境加以控制"②——是西方科技史家"大叙事"的优越性话语的产物。西方科技往往被当作一种象征等级结构的符号而存在,相反,非西方社会的科技被人们"无视"了。白馥兰特别强调科技的"社会语境",认为"一种技艺(technique)能定义为一种行动——以有生命实质或无生命实质的形式完成,为产生一种具有人性意义的目标而设计";"科技所做的最重要的工作就是生产人自身:制作者被制作所形塑,应用者被应用所形塑"。③

芝加哥大学中国现代史专业副教授艾约博(Jacob Eyferth)的专著《以竹为生:一个四川手工造纸村的20世纪社会史》运用历史人类学研究方法,探寻"技能如何嵌入社会之中",并将其放置在国家与地方社会关系的宏大框架下考察。按照中国乡村研究的学术传统从社会史的角度研究造

---

① 雷环捷,朱路遥.农业史和妇女史视域中的技术与社会——白馥兰中国技术史研究探析[J].自然辩证法研究,2019,35(02):92-98.

② [美]白馥兰.技术与性别[M].江湄,邓京力,译.南京:江苏人民出版社,2006:6.

③ [美]白馥兰.技术与性别[M].江湄,邓京力,译.南京:江苏人民出版社,2006:13.

纸技术的变迁。其从现象学哲学和认知科学来对"技能"的概念进行解析,认为技术的本质即技能遍布在关联域当中,而非储存在个人身上。通过对历史的回顾,艾约博论证了"中国革命很大程度上是对技能、知识、技术掌握的再分配"的命题,而在中国,"技术争夺的结果就是掌握权从农村到城市、从一线生产者到精英、从女性到男性"。[①]

## 二、关于酒的研究

### (一)关于中国白酒的科技、文化和产业研究

"酒文化"是一个较为宽泛的课题。于光远在谈论与物质文化相关联的精神享受中,将"酒文化"作为饮食文化中的一种,首次提出。[②]萧家成将酒看作一种综合性的研究实体,划分为酒科技和酒文化两个大的方面,其中酒文化的部分包含了酒论、酒史、传统酿造术、酒具、酒俗、酒功、酒艺文、饮酒心理与行为和酒政9个方面。[③]

关于不同朝代的酒的历史及发展,有历史学者进行了比较翔实的考证。王赛时的《中国酒史》一书对不同朝代酒业的发展、饮酒文化与酒政进行了系统的梳理,并强调了中国酒文化发展中对于"清酒"和"浊酒"进行区分的历史延续性。在该书中,作者特别提出古代白酒与现代白酒、现代黄酒之间的区别,认为中国古代白酒经历了从米酒到黄酒的发展阶段。[④]此外,一些历史学者从朝代发展史的角度对不同历史时期的酒政及酒业的发展进行了研究。如李华瑞的《宋代酒的生产和征榷》,该书对宋朝的酿酒业和酒的专卖制度及与之相关的问题作了全面的考察,勾勒出

---

① [德]艾约博.以竹为生[M].韩巍,译.南京:江苏人民出版社,2016:7.

② 于光远.旅游与文化[J].瞭望周刊,1986(14):35-36.

③ 萧家成.传统文化与现代化的新视角:酒文化研究[J].云南社会科学,2000(05):57-64.

④ 王赛时.中国酒史(插图版)[M].济南:山东画报出版社,2018.

了宋朝酿酒业的分布状况,引发了学者对历史时期酒业研究的兴趣。①王春瑜所著的《明朝酒文化》②与《与君共饮明朝酒》③介绍了明朝酒的生产、酒政及酒文化。任玉华的《汉代酒业的发展及其社会功效研究》④采用历时研究与共时研究相结合的方法,系统地探讨了两汉时期酒的酿造、生产、营销、管理、饮酒习俗及酒的社会功效等方面的问题。中国人民大学酒史与酒文化研究中心孙家洲、马丽清主编的《酒史与酒文化研究》(第一辑)⑤结合考古、历史、人类学等学科背景对酒史和酒文化进行了多角度的讨论。中国食品出版社出版的《中国酒文化和中国名酒》,对于酒的起源、酒文化的议题、白酒酿造的技术等都有所讨论。⑥

另有一些酒类著作则是酿酒专家或微生物专家从自然学科的角度对酿酒情况和酿酒方法进行系统介绍,如周恒刚编著的《白酒生产》,该书出版于 1959 年,此时该酿酒小册子"通俗易懂",主要是帮助工人"脱盲"。⑦1982 年周恒刚编著《白酒生产工艺学》,用大量篇幅介绍了菌种及其培养方法作为酿酒工人的技术指导手册。⑧1995 年李大和以问答的形式对白酒专业知识进行了整理,对白酒酿造进行了科普。⑨同年,熊子书出版了《中国名优白酒酿造与研究》,对中国名优白酒进行了系统科学的介绍。从酿酒书籍逐渐专业化、科学化可以看出我国酿酒行业从起步、发展到专业化的过程。无独有偶,周嘉华编著的《酒铸史钩》一书也从中国古代白酒的技术特点入手,梳理了中国白酒的科技发展历史。

---

① 李华瑞.宋代酒的生产和征榷[M].保定:河北大学出版社,1995.
② 王春瑜.明朝酒文化[M].北京:商务印书馆,2016.
③ 王春瑜.与君共饮明朝酒[M].广州:广东人民出版社,2007.
④ 任玉华.汉代酒业的发展及其社会功效研究[D/OL].吉林:吉林大学,2012.
⑤ 孙家洲,马利清,主编.酒史与酒文化研究:第1辑[M].北京:社会科学文献出版社,2012.
⑥ 中国食品出版社,编.中国酒文化和中国名酒[M].北京:中国食品出版社,1989.
⑦ 周恒刚.白酒生产[M].北京:轻工业出版社,1959.
⑧ 周恒刚,编著.白酒生产工艺学[M].北京:轻工业出版社,1982.
⑨ 李大和,编著.白酒勾兑技术问答[M].北京:中国轻工业出版社,1995.

目前,对于白酒产业发展的研究,多是从企业角度,思考产业布局、酒业发展等,集中刊登在《酿酒》《酿酒科技》及《中国酒》等杂志上。对白酒酿造传统技艺发展路径的研究则较少。段珊珊的硕士论文《传统技艺传承与演变的社会成因——以古井贡酒的技术变革为例》是此类研究的一个代表。该文从社会体制、生活习惯和文化风俗等因素,阐述了社会因素对古井贡酒酿造技术的塑造。①类似研究还有王娟娟的硕士毕业论文《水井坊酒传统酿造技艺的生产性保护研究》,该文从文化产业发展的角度围绕政府、社会和企业三个主体探索水井坊酒传统酿造技艺的生产性保护方式。②徐亚琴的硕士毕业论文《社会型塑技术理论视角下绍兴黄酒技术变迁研究》运用社会形塑技术理论从绍兴黄酒的制曲技术、生产技术和包装技术的历史变迁入手,考察了自然、经济、政治、文化等因素与绍兴黄酒技术之间的互动关系,并从保护非物质文化遗产的角度探讨了技术传承的问题。③还有一些对酒类技术发展的研究从史学角度入手,探讨酒业的发展变迁。如郭旭的博士论文《中国近代酒业发展与社会文化变迁研究》,采用历史学的研究方法,对近代酒业发展及其生产、运输、销售、消费情况及近代酒税制度及其变迁进行分析,围绕贵州茅台酒在近代发展的个案,进行酒业发展和社会文化变迁的分析。④

关于酒文化的书籍大致可分为两大类,一种是大众普及读物或关于饮酒的小品文,如散文集《酒人酒事》⑤、《中国人的酒文化》⑥、《酒史与酒文化研究》等。另一类与酒文化相关的书籍则以名酒厂厂史或厂志为主,记

---

① 段姗姗.传统技艺传承与演变的社会成因[D/OL].合肥:安徽医科大学,2013.
② 王娟娟.水井坊酒传统酿造技艺的生产性保护研究[D/OL].四川省社会科学院,2014.
③ 徐亚琴.社会型塑技术理论视角下绍兴黄酒技术变迁研究[D/OL].南京:南京农业大学,2017.
④ 郭旭.中国近代酒业发展与社会文化变迁研究[D/OL].无锡:江南大学,2015.
⑤ 夏晓虹,杨早,编.酒人酒事[M].北京:生活·读书·新知三联书店,2007.
⑥ 木空.中国人的酒文化[M].北京:中国法制出版社,2015.

录某种地方名酒发展变迁的历程。如王春的《兰陵酒文化研究》,从兰陵酒的发展历史入手,介绍其变迁的历史节点和遇到的问题。[①]钱茂竹《绍兴酒文化》一书将绍兴古城的历史风貌与绍兴酒的历史发展相联系,对于酿酒和饮酒风俗、传说、诗词等都有所涉猎。一些名酒厂往往更加重视酒厂厂史的宣传工作,李幼民主编的《五粮液酒文化》、袁仁国等主编的《茅台酒收藏大典》都是此方面的代表作品。[②]

在众多涉及酒文化中的书籍中,1997年中国商业出版社出版的《中华大酒典》一书内容丰富而翔实,将我国酒文化及酒工艺,以及酒的历史起源、相关的历代酒文献及历届评酒会资料收录其中,是一部关于酒文化和酒工艺研究的经典著述。[③]另外,1989年中国食品出版社主编的《中国酒文化和中国名酒》一书收录了方心芳、袁翰青等酿酒专家及文化学者对于饮酒伦理的论述,既具有学术性质,又具有思辨意味。

回顾酒文化研究的相关著作可以看出,尽管对于酿酒历史、饮酒文化和酿酒技术都不乏著述,然而在以往的酒类研究中,酒科技与酒文化之间存在着比较明显的割裂,缺乏对饮酒文化、历史及酿酒科技二者进行综合的专业论述。实际上,酿酒技术的发展往往伴随着社会、文化的变迁,将酿酒技术的发展置于时代背景之中,不仅能够更好地理解酒文化的丰富内涵,也能够从技术史的角度梳理传统酿酒技术的宝贵之处。通过对汾酒酿造技术从民国时期至改革开放以后在擅酿之地的变化,本书旨在对以往酒文化和酒科技的研究进行一些扩展和补充,为酒文化的研究提供一种综合的视野。

---

① 王春.兰陵酒文化研究[M].济南:山东人民出版社,2013.

② 郭旭,周山荣,黄永光.继往开来:2015年中国酒文化研究述评[J].酿酒科技.2016(11):123-128.

③ 《中华大酒典》编辑部,编.中华大酒典:第1卷综合篇[M].北京:中国商业出版社,1997.

## （二）阶层、性别与全球化视角：社会学家对于饮酒的论述

有社会学家从阶层的视角来解读某种酒在某个阶层的广泛流行。皮埃尔·布迪厄（Pierre Bourdieu）通过对于日常生活中不同"趣味"的划分——根据食物、文化、展示自我和外表的消费将不同阶级的趣味分为合法趣味、中产阶级趣味和民众趣味三种层次类别，完成了新的阶层分析。[①]他认为，有多少风格的可能性的空间，就有多少偏好的空间。这些空间中的每一个，包括酒在内，都提供了几个区分特征，这些区分特征作为差别和差距系统起作用，表达出最基本的社会差别。[②]

在女权主义者视野中，酿酒和饮酒活动中女性的角色是被忽视的。实际上，对女性饮酒的限制在世界各国普遍存在。在古代日耳曼文化中，就有对妇女使用刺激品和酒精饮料的限制。[③]由于女性在饮酒活动中的长期缺位，"喝酒"逐渐成为男性消费的普遍模式。[④]

另外，在对酒类的研究中，西方学者对于其在地方性和全球性的关系这一话题格外关注。安德里亚·德拉·瓦莱（Andrea Della Walle）研究了霸权与全球化对安大略葡萄酒产业的影响。他认为，少数几个关键决策者通过对政治和经济权力体系的控制，实现了对消费者追求葡萄酒的口味"自然化"的导向。[⑤]金基镐（Kiho Kim）考察了中国地方社会在引进工业葡萄园的过程中所进行的战略谈判，发现葡萄酒产业园的引进不仅是一

---

① [法]布尔迪厄.区分：判断力的社会批判[M].刘晖，译.北京：商务印书馆，2015：23-24、288.
② [法]布尔迪厄.区分：判断力的社会批判[M].刘晖，译.北京：商务印书馆，2015：23-24、349.
③ Veblen, Thorstein. *The Theory of the Leisure Class*[M]. Oxford University Press, 2009:68-101.
④ 柯林·坎贝尔.购物、快感和性战争[M]//罗刚，王中忱，主编.消费文化读本.北京：中国社会科学出版社，2003：212.
⑤ Andrea Della Walle. *The Taste of Globalization:The Wine Industry of Ontario*[D/OL]. The University of Windsor. Master of Arts.1996[2018-11-02].

种产业发展的路径,同时也加速了中国农业产业化和农田整合的步伐。①麦克莱因·拉尼斯拉娃(Mclean,Rani Salasv)则从社会空间驱动的角度研究了葡萄园劳动、葡萄酒生产和品鉴室之间各部门的关系,发现葡萄酒生产过程中的葡萄栽培环节是塑造纳帕谷社会和景观的重要因素,在此过程中,不同语言、阶级、种族的人在地方社会实现了空间的再生产。②罗伯特·C.尤林的《陈年老窖——法国西南葡萄酒业合作社的民族志》,通过共时性的"多点研究"的延伸,利用英格兰和波尔多之间的历史联系,挑战了特级葡萄酒的自然优势这一假设。③尤林运用历史人类学的方法,综合马克思主义关于资本主义生产关系的批判,提出了"波尔多的葡萄酒当下所处的支配性地位与地方的政治经济史及传统的发明进程紧密相关"④的论断。

### (三)汾酒的相关研究

作为"中国八大名白酒"之一,关于汾酒的研究可谓五花八门,论著也十分丰富,然而也正因如此,细细研读,发现对于汾酒的内涵、文化解读、汾酒和品牌的关系,甚至汾酒技术的理解等也多是一家之言,没有形成权威的看法。但是也正因如此,为我们对汾酒的理解和对其得以广泛流行的解读提供了一些新的空间。

1978年,刘集贤、文景明编著出版了一本介绍汾酒和杏花村的小册子——《杏花村里酒如泉:山西汾酒史话》,这本书较完整系统地介绍了汾

---

① Kim, Kiho. *New Wine in Old Village: Introduction of Industrial Vineyards and Collective Land Ownership in Post-Socialist China*[D/OL]. The University of Chicago. Doctor of Philosophy. 2016.

② Mclean, Rani Salasv. *Wine, Meaning, and Place: Terroir-Tourism, Concealed Workers, and Contested Space in the Napa Valley*[D/OL]. The University of California, Santa Barbara.2013.

③ [美]罗伯特·C.尤林.陈年老窖:法国西南葡萄酒业合作社的民族志[M].何国强,魏乐平,译.昆明:云南大学出版社,2012:7.

④ [美]罗伯特·C.尤林.陈年老窖:法国西南葡萄酒业合作社的民族志[M].何国强,魏乐平,译.昆明:云南大学出版社,2012:43.

酒和杏花村的情况，在当时可谓走在了名酒厂的前列。书中对杏花村美丽的传说、《清明》诗的解读及汾酒史小考等话题都有所涉猎，既是一部汾酒厂的厂史，也是最早研究汾酒的一部作品。①1992年，文景明和柳静安共同主编了《杏花村文集第1集（1933—1989）》，该文集内容丰富、资料翔实，收录了1933—1989年间历任厂长及技术人员刊登在《山西日报》等媒体报刊上的管理、经营经验。总之，在20世纪八九十年代，对汾酒的研究主要集中在汾酒厂内部对于厂史、厂志的记录，还没有形成对汾酒文化大规模的系统研究。

伴随着市场经济的发展，"酒香不怕巷子深"的思想逐渐不再奏效，各个酒厂也争相宣传营销。2010年左右对汾酒的研究如雨后春笋般蓬勃涌现。从2011年开始，《山西日报》推出了"汾酒周刊"的特刊。此外，对于汾酒文化的研究，比较有代表性的有田曼的《从"文化人类学的象征论"浅谈汾酒》，其认为"汾酒优越的地理生态象征，官方的认可和举荐象征"是其得以延绵发展的重要因素。②岳娜在《汾酒的文化解读》一文中，提出"以文人、墨客、帝王为主体的'家国'文化，以普通百姓、劳动者、商人为主体的'汾阳'乡土文化，以名人医士为主体的饮食'健康'文化"③共同构成了汾酒文化的主体。此时，关于汾酒文化的研究比较分散，也停留在比较肤浅的阶段，没有形成系统的论述。2015年4月12日，汾酒集团联合山西省社会科学院在太原举办了"晋商与汾酒"高峰论坛，④正是在此次论坛之后，汾酒文化与晋商文化建立了一种深入的联系，汾酒文化的形象逐渐清晰起来。会后，出版了《晋商与汾酒》一书。书中收录了史学、经济学、地理学、文学等不同学科背景专家对于汾酒和晋商关系的认识。

① 刘集贤，文景明.杏花村里酒如泉：山西汾酒史话[M].太原：山西人民出版社，1978.
② 田曼.从"文化人类学的象征论"浅谈汾酒[J].法制与社会，2009(27)：231.
③ 岳娜.汾酒的文化解读[J].吕梁学院学报，2016,6(03)：56-58.
④ "晋商与汾酒"高峰论坛在太原举行 http://www.clii.com.cn/zhhylm/zhhylmHangYeZiXun/201504/t20150414_3870521.html（2015-04-14）[2020-11-6].

近年来,关于汾酒的著述多是文化学者或汾酒爱好者对于汾酒相关历史资料、文学资料的选编。如屈建龙等编著的《汾酒时刻》,将汾酒的特质总结为"清""久""大",回顾了汾酒从历史上第一次被记录到各个时代技术的进展。[①]王文清编著的《汾酒源流·曲水清香》将汾酒文化与华夏文化相联系,认为"山西始终处于华夏文明的核心区域,以及农耕文化和游牧文化的交融区"是汾酒得以广为流传的重要原因。[②]任志宏的《名人论汾酒》,收录了一些酒界前辈或文化名人对汾酒的认识或评价。[③]

除了文化和历史方面的研究,不同学者基于自身的学科视角对汾酒及汾酒文化、汾酒集团的发展都进行了各具特色的研究。总体来说,集中在以下几个方面:①从经济学的视角探索汾酒集团作为老字号的发展路径问题。[④]②对于企业管理、品牌营销等方面的认识。[⑤⑥]③对于汾酒品牌、包装等方面的理解和分析等。[⑦⑧]总的来说,近年来对汾酒和汾酒文化的研究有逐渐增多的趋势,特别是汾酒文化发展过程中与晋商文化、黄河文化,甚至华夏文明的勾连,使得对其的研究突破了过去将汾酒文化单纯作为一种企业文化的单一视角。

从以上分析可以看出,尽管对汾酒文化的研究正在朝着更加多元、系统的方向发展,现阶段的研究也仍然存在着一些问题。比如由于汾酒的

---

① 屈建龙,赵树义,陈刘锋,等.汾酒时刻[M].太原:北岳文艺出版社,2015.
② 王文清.汾酒源流·麴水清香[M].太原:山西经济出版社,2017.
③ 任志宏.文化汾酒:中国汾酒人物史[M].北京:中国文史出版社,2019.
④ 刘海兵,许庆瑞.资源活化:中华老字号创新能力提升的路径——基于山西杏花村汾酒集团的探索性案例研究(1948—2018)[J].广西财经学院学报,2019,32(03):87-105
⑤ 郑梦麟.继承传统精髓,发展科学管理——关于杏花村汾酒厂推行全面质量管理研究[J].经济问题,1986(12):55-57.
⑥ 任小红,韩景.基于SWOT分析的山西杏花村酒文化旅游开发探析[J].国土与自然资源研究,2015(06):87-90.
⑦ 从历史文物中探索汾酒的商标精神——品读民国时期的汾酒老广告[J].中国经济周刊,2015(02):65.
⑧ 魏琦.对汾酒包装设计的思考[J].美术大观,2012(10):139.

发展与汾酒集团的发展联系紧密，二者之间的研究往往存在重叠的部分，这就使得汾酒文化和汾酒企业文化之间暧昧不清。一些企业领导的宣传营销缺乏史实根据，却被大肆宣传，导致对汾酒文化的研究缺乏客观性和独立性；尤其是一些汾酒文化的研究者往往与汾酒厂之间存在千丝万缕的联系，更加重了这种情况的发生。另外，在对汾酒文化的研究中，缺乏对汾酒酿造技术的观照，使得汾酒研究如同无源之水、无本之木，汾酒文化的诞生来自汾酒技术的发展，虽然酒器、酒俗、酒礼都是酒文化中的一部分，然而酒体的好坏才是决定酒能够拥有广泛受众的最主要因素之一。如若将汾酒酿造技术与地方文化、晋商文化关系进行深刻分析，势必会拓展汾酒文化的含义。

# 第三节　研究意义

## 一、理论意义

### （一）弥合"技术"和"文化"分野，开拓技术研究的"强文化"范式

20世纪60年代，伴随着反主流文化的兴起，人类学家率先对帝国主义与技术的课题展开思考，对技术知识的意义重新进行了思考，并将技术赋予了文化的意义。然而这种文化的转向实际上是从建构主义的角度对技术进行一种新的理解，从过去的技术决定论走向了另一个极端，将技术完全看作文化的产物。在这样的背景下，爆发了历史上著名的"索卡尔事件"，技术和文化之间的关系成为"两种文化"的对立。

另一种对待技术与文化之间关系比较温和的态度以20世纪70年代末80年代初的"实验室研究"（laboratory studies）为代表。以布鲁诺·拉图

尔（Bruno Latour）对美国加州萨尔克实验室研究的《实验室生活：科学事实的建构过程》和谢廷娜（Karin D. Knorr-Cetina）对伯克利大学生物化学等实验室研究的成果《知识的制造》（The Manufacture of Knowledge）为代表，将科学知识的微观建构运用人类学研究方法寻找经验支持和论证，开启了对科学进行人类学研究或者科学的文化转向的道路。他们将科学作为一种文化现象，运用文化分析的方式对于科学技术进行研究。这种研究路径开创了后续科学的人类学的研究传统，对科学家及其活动进行民族志（ethnography）的研究方法也被延续下来，成为一种典型的研究进路。

以往的研究除了将技术作为一种文化现象进行人类学或社会学的分析，对于技术与文化的关系还有一种典型认识，即将技术的文化塑造视作技术的社会形塑的一种具体化。针对文化塑造在技术形成中的作用，W.拉莫特（Werner Rammert）提出，技术的文化塑造涉及技术发展中的文化意义和技术政策的意义等许多方面，通过文化的参与形成"技术的不确定性循环"，最终关联到"技术多样性的政治学的构建"。[①]

本书所提出的技术凝结物的"技术文化风格"，不同于以往在技术人类学领域将技术视作一种文化现象的传统认识，也不仅仅从技术的文化形塑的理论出发进行探讨，而是将"技术性"和"艺术性"作为技术物质的双重属性，在平等地位上进行分析。这种分析路径，受到亚历山大（Jeffrey C. Alexander）"强文化"范式的启发。亚历山大继承了格尔茨（Clifford Geertz）"深描"的方法，认为文化分析不是规律的实验科学，而是一种探求意义的解释性科学。[②]强文化范式，即为一种积极推动文化与社会结构脱钩，阐明文化在社会生活方面扮演重要角色的学术思潮。这里所说的技术研究的"强文化"范式，即将技术凝结物的文化属性与其技术属性相脱

---

① 诸葛无为.拉莫特："技术的文化塑造与技术多样性的政治学"[J].哲学动态.2005,(7):74.
② Geertz, Clifford. 1973/1964. *The Interpretation of Cultures*[M]. New York: Basic Books.

离,将文化因素与技术因素并重的一种研究思路。这种将"技术"与"文化"并重的技术研究方式,是对以往技术研究的一种有益补充。

**(二)基于物质文化视角,将"技术文化"风格的形成纳入技艺史的研究**

20 世纪 60 年代,伴随着人类学对于技术领域和物质文化的反思,人们逐渐认识到除了西方"大叙事"的"正统科技",具备"回视""教育"功能的代表地方性文化的物质和技艺也具有重要的研究价值。最初,考古学、人类学对于"文物"(器皿的造型和条纹)进行研究。后来逐渐超越了博物馆的框架,发展成为民俗学的研究。以莫斯《礼物》,马林诺夫斯基(Malinowski , Bronislaw Kaspar)"炫财冬宴"(potlatch),列维施特劳斯(Claude Levi-Strauss)普遍的、以关系和任意性为中心的思维"野性思维"为代表的研究,都是对帝国及其物质文化的反叛和反思。①

近年来,许多学者将物质技术与地方性文化联系起来,挖掘物的"地方志"意义。可口可乐作为一种全球化的饮料,在进入印第安人居住的特立尼达岛时,也是通过本土化的改造,通过迎合地方文化的趣味才得以流行。②"朗姆酒与可口可乐被兑在一起饮用",成为当地饮用可口可乐的一种审美趣味。与此相类似,板球在印度成为受欢迎的一项运动,也是民族主义作用下的产物。虽然板球运动最初脱胎于维多利亚时代的殖民文化,但在发展的过程中,通过"赞助的本土化"过程,逐渐成为具有"印度民族主义的自身的文化"③。上述研究虽然将物质文化特性与地方文化相联系,但在分析时侧重于对物质文化流行原因的挖掘,对于技艺的分析比较

① 孟悦,罗刚,主编.物质文化读本.北京:北京大学出版社,2008:7.

② Daniel Miller. coca-cola, a black sweet drink from Trinidad[M]//Victor Buchi ed., *the material cultural reader*. Oxford: Berg, 2002.

③ Arjun Appadurai. *Modernity at Large: Cultural Dimensions of Globalization* [M]. Minnesota:University of Minnesota Press, 1996:89–113.

欠缺,在论证时难免流于文化分析。

从技艺史的角度,采用整体性技术史观考察经验性技术问题,注重技术在地域、民族、文化、社会等方面的影响,越来越成为传统工艺研究的一种有益的视角。[①]本书基于技术的物质文化属性视角,将技术文化风格的分析纳入对于技艺史的分析中,既丰富了技艺史研究的内涵,也是对于"小写的"、具体的技术研究的一种研究内容的扩展。

## 二、现实意义

"有匪君子,如切如磋,如琢如磨。"我国是一个具有工匠传统的国家,党的十九大报告中特别强调了要"建设知识型、技能型、创新型劳动者大军,弘扬劳模精神和工匠精神,营造劳动光荣的社会风尚和精益求精的敬业风气"。匠人的行业特质使得其具备了精益求精、一丝不苟的精神气质。古时候,工匠身份比较固定,往往子承父业,因此具备"少而习焉,其心安焉,不见异物而迁焉"的特质。而现在,在快速发展变革的社会中,具有"安心""不见异思迁"的能力则更为可贵。

在汾酒的发展历程中,虽然经历了经济体制变迁、社会环境的变革、文化思潮的洗礼,然而匠人精神却是一脉相承、生生不息。民国时期,义泉泳总经理杨得龄在出任经理前,与其他从事酿酒行业的人一样,也经历了艰辛的学徒时光,然而却因为能够在实践中习得技术要领而乐在其中,别人称为"糟腿子"的酿酒工被其笑称为"酒香翁",其根据古法制定的"七必"的酿造方法被一直沿用至今。新中国成立后,更是涌现出了一大批为了酿造事业奉献终身、对汾酒酿造作出重要贡献的人物。本书虽然研究

---

① 张学渝.技艺社会史:传统工艺研究的另一种视角[J].东北大学学报(社会科学版),2017,19(01):15-19.

的是传统技术在社会、文化、政治等外在环境变迁中的革新和转变,然而对其做出关键技术革新的一个个鲜活的个人才是构成这些革新的主体。不论是在身体实践的论述中,还是伴随农业时代向工业时代、信息时代的转变过程中,工匠的匠人视角始终是构成本书行文的关键一环。研究最后对于酿酒实践是以"人工"为核心的论述更是对匠人精神的一种客观的肯定。

另外,本书研究的汾酒技术和文化,除了具备传统技术的表现形式,还兼具对饮酒文化的反思。通过对中国白酒文化及汾酒文化历史的回溯,对于当前颇具负面色彩的"饮酒"行为和文化进行了重新定义。在当今社会,饮酒的社会需求似乎凌驾于其文化需求之上。人们通过在宴席中饮酒的方式,来笼络关系、表达好感。也正是出于这种消费需求,伴随着饮酒消费的蓬勃发展,1988年白酒定价放开后,国家出台了一系列的政策来限制白酒的生产和使用。1989、1996、2012年三次严格限制公务用酒,都对我国白酒行业的发展产生了直接深远的影响,[①]同时也对白酒的形象造成了一定的影响。加之白酒行业本身具有吸纳大批劳动力就业,属于高利税行业,能够带动高粱、玉米、小麦等原料的产量增加、促进农业及带动关联产业发展的社会效应,[②]白酒的工业属性和社会属性赋予其更加多元的面貌,使得其文化属性的形象逐渐被模糊化。通过对中国历史上以汾酒为代表的白酒在仪式或宴请中饮用的不同文化属性的分析,对白酒的文化功能进行深入剖析,实际上也是对中国宴饮文化的历史回溯,属于中华民族文化建设中饮食文化、宴饮文化的一部分。对于白酒在各种仪式、各种习俗、不同地域文化中的饮用分析,构成了中华民族多姿多彩的文化传统的一部分。通过对这些文化的回顾,能够增强对我们民族

① 杨柳,张雪彬.中国白酒历史回顾与思考[J].酿酒,2018,45(06):9-12.
② 马勇.中国白酒三十年发展报告(下)[J].酿酒科技,2016(3):17-24.

的自信心和使命感,通过对传统饮酒文化的重拾,肃清不良的饮酒风气,也为社会主义文化建设贡献一份力量。

本书所研究的汾酒酿造技术,既具有民间优秀技艺的典型特征,需要用传统工艺的发展理念进行指导和保护;同时也是一项具有地域特征的技术产业,因此又涉及技术传承、品牌发展等问题。随着中国传统工艺由业内的"保护"转变为国家战略的"振兴",技术传承和品牌建设问题成为各界关注的热门话题。

本书根据杏花村所具有的技术传播、历史发展和对技术形成的文化影响力,将以"杏花村"为代表的地域产业的发展社区提炼出了"技术共同体"的概念。技术共同体的形成离不开行政社区的规划基础、文化因素的历史滋养、同时也是在技术传播过程中形成的与社区外部截然分开的一个实体。通过对技术共同体概念的描绘,笔者试图打破传统技艺发展中面临的品牌建设中存在的集体和个人之间、大厂和小厂之间不同的矛盾,将技术共同体内地域产业的发展作为共同的发展目标,实现良性的发展。

## 第四节 研究思路和研究方法

### 一、研究思路与核心概念

#### (一)研究思路和写作框架

本书以汾酒为研究对象,源自其作为一种物质文化兼具"技术性"和"文化性"的双重特质。同时,研究对象的选取也基于一部分现实的考量。首先,汾酒的历史悠久,并且比较符合国人对传统白酒的理解。从蒸馏酒诞生之前的"干和酒",就比较接近中国古代对于传统白酒的审美趣味,一直到蒸馏酒的出现,汾酒采用地缸发酵的方法与贾思勰在《齐民要术》中记载的用甂(yan)(甑桶)干蒸的方法十分相似。以汾酒为研究对象,便于从纵向的历史中梳理技术的变迁和发展;其次,汾酒作为我国的传统名白酒,在历史长河中经历了跌宕起伏的发展历程,这种"故事性"和"戏剧性"给予了研究更加广阔的探索空间。同时,以汾酒为研究对象,也是出于对资料的可获取性和研究的可接近性的现实考量。汾酒出自山西省汾阳市,其产地与笔者家乡山西省临汾市只相隔一百多千米,距离上的相近使得在与访谈对象接触时既感到亲切,又由于局外人的身份可以更加客观地看待汾酒及其产业的发展。

本书对于汾酒技术文化风格的分析大致分为两个部分:首先是基于不同认识主体对于汾酒的多元叙事,提炼出汾型酒不同于其他(白酒)技术的技术文化风格。具体来说,在技术方面,汾酒作为中国名白酒的一项重要代表,既具有中国白酒的一些典型的技术特点:如利用曲蘗发酵,开放式生产、多菌种混合发酵,采用配糟,有独特的发酵和甑桶等;同时,作为清香型白酒的代表,也具有一些自身独有的特点:如"清蒸二次清""地缸固态发酵"等。在文化方面,既符合了中国白酒的审美趣味,如对于酒质清澈和酒度提高的追求;又具有自身的地方性文化特点,如汾型酒背后暗藏的诚信义利和契约文化的地方文化期待。

其次,对技术文化风格的形成路径进行历史的分析。可以将其划分为:汾型酒技术定型与文化塑造阶段、从汾型酒发展为汾酒的阶段(汾酒酿造技艺的科学化、产业化阶段)和伴随着消费需求的分化技术文化风格的重构阶段。在技术文化风格形成的各个阶段,社会、文化、政治、经济等社会因素都不同程度地在发挥作用。如在汾型酒技术定型阶段,以晋商为代表的文化因素对于汾酒技术形成及传播发挥了重要作用;在汾酒的科学化阶段,政府官方政策起到了重要的推动作用;而地方经济的发展需求则促进了汾酒技术共同体的形成,为汾酒技术产业化发展提供了动力。

结合上述两部分研究内容,设计了本书的研究框架。从"汾型酒"技术文化风格的形成及其变迁两方面阐述兼具技术和文化特性的物质文化(见图 1.1)。

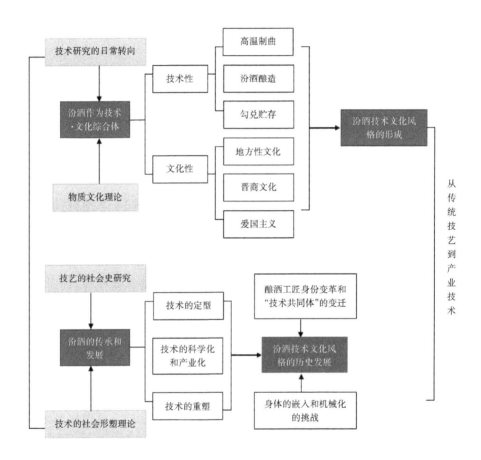

图 1.1　本书的写作框架

**(二)理解"汾酒"的概念**

1. 物质文化

从产品角度来看,汾酒的生产—面世—购买—饮用的一系列过程,绝不仅仅是一种用微生物学和酿造专业能够解释的现象。本书选取物质文化的视角对汾酒技术文化风格的形成进行解释。最初,由于人类社会尚未完全掌握酿酒之法,人们将酒视为"上天的恩赐"。《周礼·天官冢宰》中记载:"酒正:掌酒之政令,以式法授酒材,凡为公酒者,亦如之。""酒正:中士四人下士八人,府二人,史八人,胥八人,徒八十人。"周朝时,已经开始设置"酒正"的职务,这是管理酒类生产、政令、销售的机构编制。酒正是酒官之长,酒官隶属于天官。[①]此时,作为物质文化的酒尚未进入消费文化的范畴,更多的是以一种维护社会共同体的稳定的身份出现。酒的功能主要是祭祀、礼仪等社会事项。

随着酿酒技术的提高、蒸馏技术的出现使白酒从过去的"黄酒"跃升为真正意义上的"白酒",不仅指的是颜色变得清澈,更具革命意义的变革是蒸馏技术的出现使得酒打破了过去地域的限制,能够走向市场流通。这样一来,各地的地方小酒又被赋予了"地方文化"的内涵。实际上,对汾酒历史上的包装稍加留意,便可发现其对于地方物质文化的深刻印记。代表汾阳标志的"古井亭""杏花""汾阳王寿宴"等元素反复出现,[②]印证了酒文化在地方语境的个性化和纵深化发展。其实,酒文化与地方文化的勾连绝不仅仅体现在产品包装等一个方面,通过对地方文化的深入挖掘,我们发现从酿造伊始,酒体的创造就与地方性语境相互缠绕,彼此影响。

正如人类社会要一直往前发展,物质文化的内涵也不会一成不变。工业革命带来了物质的极大丰裕,然而物质的富裕带来了人们消费的异化。百年之后,朱肱所描绘的人们"礼天地,事鬼神,射乡之饮,鹿鸣之歌,宾主百拜"的饮酒场景早已不见踪影。今天,人们在觥筹交错间,比的是酒的品牌,谈的是生意往来。饮酒的目的不再是对酒的口感、功能的追求,"不管是从符号逻辑的角度,抑或象征逻辑的角度,物品本身都彻底地

---

①　周嘉华.酒铸史钩[M].深圳:海天出版社,2015:47.

②　张崇慧.汾酒收藏[M].太原:山西经济出版社,2018.

与其相关需求和功能不再产生联系。其实与它们产生逻辑的东西,与需求不再关联,因为那是社会逻辑"①。总之,酒的使用价值已经让位于阶层的符号。人们将选择的权利交由广告和宣传,使事物原本的诗性消失。②(见表1.1)

表1.1　酒的物质文化特性及其文化意涵变迁

| 物性特征 | 物的功能 | 消费群体 | 饮用方式 | 文化意涵 |
|---|---|---|---|---|
| "黄酒",不能保存和运输 | 祭祀等仪式 | 地方局部 | 注重仪式、礼仪 | 成礼 |
| 蒸馏技术发明,可以长途运输 | 联络商帮等群体 | 亚文化群体 | 行会、会馆等聚会 | 具有"地方性"文化内涵 |
| 口感、香型增多、档次分化 | 身份、阶层象征 | 不固定 | 餐桌文化 | 阶层符号 |

### 2. 身体技术

在人类学领域,莫斯提出了"身体技术"的概念,认为身体所表达的技艺,如步行的姿态,"像语言和艺术","它们是一个社会所特有的,或者至少是一个文明所特有的,独特到足以标示一个社会或文明,或者说它如同一个象征"。③莫斯身体技术的概念,将身体语言所揭示的"最深层的倾向"挖掘出来,然而也存在一定的缺陷。除了在论述上以描述性论述为主,还体现了一种"过分决定论"的倾向,忽略了个体能够进行思考的基础,对身体技术的分析与社会情境相脱离。④

---

① [法]让·波德里亚.消费社会[M].刘成富、全志钢,译.南京:南京大学出版社,2006:前言1.
② 吴宁.日常生活批判:列斐伏尔哲学思想研究[M].北京:人民出版社,2007:187.
③ [法]马塞尔·莫斯,爱弥儿·涂尔干,亨利·于贝尔.论技术、技艺与文明[M].[法]纳丹·施郎格,编选.蒙养山人,译.北京:世界图书出版公司,2010:52.
④ 西蒙·威廉姆斯,吉廉·伯德洛.身体的"控制":身体技术、相互肉身性和社会行为的呈现.[M]//汪民安,陈永国.主编.后身体:文化、权力和生命政治学.长春:吉林人民出版社,2003:402.

　　早期经典社会学家也习惯于将"身"与"心"相分离的二分法,采取一种非具身性(disembodied)思路,并且将焦点放在心智上,认为它规定了人作为社会而存在。然而随着身体的作用逐渐被人们觉察,在社会学领域,心智与身体、身体与权力、个体与社会结构的关系被进一步得到审视。福柯(Michel Foucault)最早从身体的政治斗争角度对身体社会学的研究范围加以扩展,其提出当代政治学是生命政治学。布尔迪厄从社会学角度对资本概念进行拆解,将身体视作一种身体资本的观念,通过将不同阶层与身体的利用关系、身体的多重利用途径,从文化视角进行了一场阶层的分析。唐·伊德(Don Ihde)则提出了具身理论:将身体概念划分为"身体一"和"身体二"。"身体一"是梅洛-庞蒂现象学意义上的"活动的、知觉的和有感情的""主动的身体"(active body);"身体二"则是福柯意义上的社会文化意义上 "被动的身体"(passive body)。[1]而"身体三"即"技术的身体"是"身体一"和"身体二"的综合与递进,既包括"身体一"和"身体二"的内容,又克服了它们的缺陷,其主要特征就是工具的具身性(embodiment)。[2]

　　本书将汾酒的酿造视作一种身体技术。"身体技术"的概念,包括三个层次的理解。分别是"物理身体""精神身体"和"文化身体"。为便于对概念拆解的理解,选取最具有代表性的技术发展阶段进行阐述,并借助相关的理论进行论证。首先是根据技术的特性,作为"物理身体"在技术实践中的参与。莫斯认为,"技术并非是神秘的、毫无利害关系的或仅仅是专业人士从事的客观事业,而是作为一个整体,或隐或现地带有渗透并激发社会科学关键性挑战和争论的特征,从而构成这些学科不可或缺一部

---

①　IHDE D. *Bodies in technology*[M]. Minneapolis: University of Minnesota Press, 2002:17,26.

②　周丽昀.唐·伊德的身体理论探析:涉身、知觉与行动[J].科学技术哲学研究,2010,27(05):60–65.

分"①。虽然本书谈到的技术概念,并非莫斯意义上"在一定社会或一定历史时期形成的身体技术"②,然而在技术形成伊始,身体所扮演的角色确实是"人最最自然的工具",此时,人们出于本能地使用身体,对身体的使用是一种类似布尔迪厄所述的"惯例"(最深层的倾向)。在类似酿酒之类的技术实践中,身体的参与是一种"物理身体"的嵌入。

伴随着酿酒活动从一种"忙时种地、闲时酿酒"的自发性零散生产向"前门开店,后门设厂"的商业形式扩展,身体参与技术实践除了参与形成酿酒物理结果的后果,还渐渐具备了其他社会含义。由于酿酒活动不同于传统的手工艺生产,它是苦力投入和技巧性质兼具的一项技术实践。事实上,在品酒的过程中,也是身体参与的一种形式。在酿酒和品酒过程中,存在一种"联觉效应"。因此,多年浸淫在酒坊的老酒工往往能够依靠敏锐的嗅觉、味觉甚至视觉、触觉来捕捉不同阶段糁料的好坏。在民国时期师徒制的背景下,身体的嵌入也逐渐从原始的物理身体的嵌入扩展为一种精神身体的嵌入。正如吉登斯(Anthony Giddens)提出的,"在日常生活中,身体的实际嵌入,是维持一种连贯的自我认同感的基本途径"③。实际上,对于以身体实践为载体的技术类型来说,身体的嵌入也成为技术本身获得自身合法性的一种手段。在这一时期,技术的"技能特性"让位于身体的"苦累"程度,但是仍然是一种关于身体的技术。

现代社会机械化的发展使得"身体技术"的艺术属性重新获得了关注。对物理身体的解放使得之前进入意会阶段的门槛被消解。正如鲍德里亚(Jean Baudrillard)所预测的那样,"伴随着工业革命的到来,发生了巨

---

① [法]马塞尔·莫斯,爱弥儿·涂尔干,亨利·于贝尔.论技术、技艺与文明[M].[法]纳丹·施郎格,编选.蒙养山人,译.北京:世界图书出版公司,2010:2.

② 西蒙·威廉姆斯、吉廉·伯德洛.身体的"控制":身体技术、相互肉身性和社会行为的呈现[M]//汪民安,陈永国,主编.后身体:文化、权力和生命政治学.长春:吉林人民出版社,2003:402.

③ [英]安东尼·吉登斯.现代性与社会认同[M].赵旭东,方文,译.北京:生活·读书·新知三联书店,1998:111.

大的突变，它包围了物体、语言和性(身体)，与之相应的一个过程标志着
政治经济循序渐进的普遍化，或实现了对价值规律的某种侵犯"①。工业
革命带来的机械化的变革，使得人们开始重新审视日常生活，也带来了对
技术领域的新思考。在机械和身体的抉择当中，人们逐渐发现身体的参
与已经成为一种文化的选择。身体技术的在场以"弃机械改手工"的方式
再度登场(见表1.2)。

表1.2　身体技术概念的"裂变"

| 身体技术的类型 | "裂变"的背景 | 理论关照 |
|---|---|---|
| 物理身体 | 技术特性 | 莫斯对于"身体技术"的理解 |
| 精神身体 | 雇佣制和师徒制的张力 | 布迪厄关于"资本"的解读；梅洛-庞蒂"身体现象学" |
| 文化身体 | 工业革命、机械化 | 鲍德里亚"消费文化"的观点 |

### 3. 技术共同体

正如法国技术人类学家弗朗索瓦·席格特(Francois Sigaut)所认为的
那样，"从技术的角度看，技能生产群组是所有社会中都存在的一个基本
单元，因为一个没有技能的社会是不可思议的"②。技能生产群组作为社
会的一个构成单元，通过相互间的协作，完成整个社会的运转。本书所说
的"技术共同体"的概念，与库恩在分析科学技术发展中对于技术拥有共
同信仰的"科学共同体"所不同，是对于其概念的一种类比和借用。本书
所运用的"技术共同体"概念，既强调产业技术和地方文化之间的相关性，

---

① [法]让·鲍德里亚.身体，或符号的巨大坟墓[M]//汪民安，陈永国.主编.后身体：文化、权力
和生命政治学.长春：吉林人民出版社，2003：54-55.

② Francois Sigaut. "Technology." [M]// Tim Ingold. Ed. *Companion Encyclopedia of Anthropology:
Humanity, Culture, and Social Life*, London:Routledge, 1994:420-459.

也具有鲜明的地域性。正是基于对汾酒酿造技术的共同认可,杏花村才得以成为汾酒酿造的"天然胜地"。下文首先对其形成的过程进行历史分析。

"杏花村"的得名最初来自"杏花"的种植。唐朝时期,杏花村就由于万树杏花开放而得名杏花坞。①虽然最初杏花村的得名与杏花确实不无关系,然而此时杏花与酒的关系却并不甚紧密。在历史上,"杏花村"其名所指的区域并不明确,并且经历了不同朝代的变迁。经历了朝代更迭、名称变化,到了民国时期,汾阳真正依靠汾酒的闻名获得了声誉,人们循着前人的足迹,又再次寻找"杏花村"的踪迹。而此时,山西地区实行区乡制度,杏花村一带设尽善乡、驻尽善村,管理着十多个自然村,杏花村也被纳入其中。由于人口增长,尽善北的杏花村逐渐与尽善村连为一村,老百姓有时还将二者混称,这就形成"一村两名"的状况。今天,杏花村的行政区划又有所调整,升级为一个镇。2013年开始规划建设"特色小镇",杏花村镇21个行政村中的17个村庄将并入镇区建设范围内。产业发展围绕"以产促城,以城兴产,产城融合"的思路,围绕酿酒业的核心,带动一二三产业共同发展②(见表1.3)。

① 萧湘.诗人歌咏的杏花村[G]//文景明,柳静安,编.杏花村文集:第1集 1933—1989.北京:北京出版社,1992:535.
② 山西省城乡规划设计研究院.汾阳市杏花村镇总体规划(2013—2030)2010ZG-20[Z].2016.

表1.3 杏花村镇域乡村居民点产业发展指引表①

| 村镇名称 | 村域产业发展定位 | 备注 |
|---|---|---|
| 杏花村镇区 | 白酒酿造,生态农业旅游、酿造工业旅游、历史人文旅游等特色旅游 | 包括杏花村汾酒厂、杏花村居委会和东堡、西堡、上庙、永安、上堡、下堡、小相、冯郝沟、张兴、窑头、辛庄、杜村、官道、安上、武家垣、小相寨、朝阳坡17个行政村 |
| 庄上 | 节粮型、草食型畜牧养殖和优质高粱玉米种植业,奶牛乳业养殖和生产加工,发展核桃、枣等经济林 | 由庄上和石老合并 |
| 大相 | 农业种植,为酿酒业提供主要生产原料,实现原料的本地供给,依托工业园区发展商贸物流业 | 保留 |
| 罗城 | 农业种植,为酿酒业提供主要生产原料,实现原料的本地供给,依托工业园区发展商贸物流业 | 保留 |

在本书中,将"杏花村"建构为一个技术"共享"的共同体(community),这一技术共同体中,不同时期通过不同的技术传播手段实现技术的传递和共享,维护了技术共同体的"名声",实现了"杏花村"作为擅酿之地的意义的再生产。在不同历史阶段,共同体中的匠人身份、技术传承的具体方式和技术传承的动力机制都不尽相同。①在漫长的封建时期,酿酒是农民农闲之余的业余活动。1982年杏花村出土的饮酒容器小口尖底瓮证实了此地曾经物质富裕、气候适宜酿酒的历史;②进入民国时期,随着生产力的提高和用酒需求的旺盛,酿酒活动在当地开始形成一定的规模,所谓"沽道何妨话一缠,家家酿酒有薪传。当垆半属卢生裔,颂酒情深

---

① 表格来源:山西省城乡规划设计研究院.汾阳市杏花村镇总体规划(2013—2030)2010ZG-20[Z].2016.

懒学仙"①。此时,通过师徒制和雇佣制并存的方式,②酿酒技术通过身体实践的具体参与得以传递;③新中国成立以来,国家资本出面对汾酒酿造组织再生产,在"集体化"的大背景下,通过集体培训的方式,实现技能的"共享",并通过"树立精英"、发动"群众创新"的方式,工人地位得到极大提高,同时也实现了技能的提升和技术的传承;④20世纪80年代,市场经济逐渐放开,师徒制逐渐成为一种"关系契约",技术传承以公司内部培训等形式得以实现(见表1.4)。

表1.4　杏花村技术共同体技术传承的方式的历史变迁

| 时期 | 技术共同体的匠人身份 | 技术传递方式 | 技术传承的动力机制 |
|---|---|---|---|
| 封建时期 | 农民 | 忙时种地,闲时酿酒 | 额外收益 |
| 民国时期 | 雇佣工人 | 身体资本对技术资本的交换 | 阶层的跃升 |
| "集体化"时期 | "国家的主人" | 集体学习与学徒制结合 | 国家的政治奖赏(职位晋升、评选"标兵"等) |
| "改革开放"以来 | 企业员工 | 公司培训、班组作业 | 优渥的薪资、安排子女工作的隐性福利 |

## 4. 技术文化风格

一直以来,在社会科学研究领域,"文化"都是一个较为宽泛的概念。伴随着文化概念的泛化和渗透,何为真正的文化在学界一直没有明确的定论。本书所提出的"文化",不是将文化视作一种技术研究的方法或背景,而是沿用亚历山大的"强文化"范式,将其视作一种社会结构或技术发展的结构性因素。

---

① 刘集贤,文景明. 杏花村里酒如泉:山西汾酒史话[M].太原:山西人民出版社,1978:66.
② 王星.技能形成的社会建构:中国工厂师徒制变迁历程的社会学分析[M].北京:社会科学文献出版社,2014:126.

所谓技术文化风格（technocultural style），是指通过技术与文化相互建构而形成的人工物所呈现出来的整体属性和品格。对于理解一种人工物而言，技术文化风格作为一个总体性范畴，突出了技术与文化的内在一致性，避免了将技术与文化作二元论化约。本书选取的研究对象——汾酒是一种兼具"技术性"与"文化性"的物质文化。如果说这里的"技术性"侧重对器物实用性的考量，那么"文化性"则更侧重于对浸淫文化中的体悟，从而对"技能"的物化过程及结果产生影响。总的来说，"技艺"既不能脱离"技术性"而存在，同时物化的结果又受到地域、文化、民族、社会等因素的影响。①

技术文化风格的形成同时受到技术特质和文化浸染的双重作用，并且在不同阶段，两者的作用各有侧重。技术文化风格的形成既受到物性本身的"规定"，同时也受到不同文化群体、地方社会甚至消费行为的重新塑造。通过对兼具技术和文化特质的物质文化的分析，可以透视人与物、人与技术、技术与社会之间的内部关联。

## 二、研究方法

本书以发源于山西西部腹地杏花村地区的汾酒为研究对象，通过对汾酒在技术、文化、经济等不同面向的考察，探索其技术文化风格的形成逻辑。本书的经验材料主要来自对山西省晋中市汾阳市杏花村镇的田野考察，在调研过程中，结合杏花村汾酒生产的实际情况，以汾酒集团为重点考察对象，并分别选取具有代表性的省级酒企、乡镇酒企、民营酒企加以对比研究，多点作业、点面结合，对杏花村汾酒产业的全貌进行综合

---

① 赵万里,王俊雅.传统技艺的风格形成及其网络隐喻——对列斐伏尔工业社会批判理论的反思[J].科学技术哲学研究,2020,37(05):59-66.

描绘。

在田野调查之前,首先进行了文献资料的收集工作。资料收集主要包括两部分内容:一是对《汾阳县志》《汾酒通志》等乡土志书,以及《杏花村文集》《杏花村里酒如泉》等私人笔记和各种档案、报刊、日记,碑刻等第一手资料进行文献分析。了解汾阳乃至山西地区历史上的财税、经济、人口、风俗等情况,重点考察清末民初以后的情况;并对汾酒发展历史的酿造技术、经营销售、饮用和在历史上出现的争议等情况进行了解。二是通过内容分析的方法,对汾酒文化的"官方话语"进行解码。具体通过在"读秀"学术搜索中输入"汾酒"相关词条,并对汾酒的意象进行三级编码,考察汾酒在官方话语中的多层次内涵。

其次,进行了实地考察。实地考察主要包括两个方面。一是分别对以汾酒集团为代表的国营企业、以汾阳王为代表的集体所有制企业和以杏花汾酒公司为代表的私营企业进行实地考察。对三家不同级别的酿造企业的酿造车间环境、酿造生产的技术环节、车间工作方式及团队关系进行对比,了解汾酒生产在当地的具体情况;并通过对三者的对比研究,对汾酒内涵进行多层次理解,最后确定将酿造技术的地域流动作为产业发展的一项重要课题。二是将汾酒集团的实地考察作为重点,并集中在以下三个方面:①对汾酒酿造车间和大曲车间的考察。这两个车间基本上是汾酒生产最为基础也是最为关键的部门。在考察中,围绕着实践操作过程中的身体技术、师徒技能传递、班组作业的形式等进行综合观察,并对酒工的精神面貌、作业的考核形式、纪律管理办法等进行了解;②汾酒酿造的机械化车间。考察机械化车间的作业形式、人工在其中的作用和角色及全机械化作业的出酒率、优质酒率等情况,为后续结论的得出提供经验支撑;③对于原料供给、贮存车间、成装车间等其他车间情况进行综合考察,了解汾酒生产从原料到成品之间的全过程。

同时,在考察中根据历史资料及调查对象提供的线索,对于当地知名文化场所,如文峰塔、太符观等也进行考察。其中,太符观中的酒神壁画与观外近现代酒神雕塑彰显了酒文化在当地地方社会中留下的深刻痕迹。另外,由于本书研究范围不仅局限于酿造方面,还有与杏花村当地居民交流、吃饭、饮酒的过程,因此也特别注意其对于饮酒文化的认识和在饮酒时的习惯特征。

再次,在田野考察中,开展了一系列非结构性访谈的工作。由于汾酒集团是汾酒生产最重要的一个实体,通过主要的信息提供者(informer)的安排,在汾酒集团不同部门进行实地考察之余,根据提前设计的不同问题,结合考察的感受,笔者会跟不同部门的负责人进行深入的半结构式访谈。在调研中,首先与酿造车间、大曲车间、贮配车间、技术中心、文化中心等与研究高度相关的部门负责人进行深度访谈,明晰不同部门在汾酒生产中的任务和所处地位,不同岗位对汾酒酿造和发展的看法,对汾酒的内涵和定义、汾酒的历史和销售、汾酒的文化和习俗等情况进行了解;同时,也与市场部、销售部、人力资源部、战略规划部等其他部门了解汾酒销售人员和企业管理人员对于企业发展、行业情况的看法;在调研中,还有幸与参与指导了汾酒厂扩建工程的总经理、曾经几次获得汾酒厂劳动模范标兵的老工人进行了访谈,对汾酒厂的厂史和发展历程有了比历史记载更为深入和生动的认识。

最后,针对汾酒生产者与当地消费者对于汾酒文化的认识和看法,设计了不同的调查问卷。主要通过线下发动、线上填写相结合的方式,符合相关身份才可以进行问卷的填写。其中针对当地居民,问卷的设计主要围绕日常饮酒情况(包括选酒倾向、用酒场合),对汾酒的了解和认识(对技术的了解、与一些文化事项的关联、对汾酒概念的界定等),以及对于汾酒与汾阳关系的解读(对于酒厂工作的看法、酒产业对转型山西的作用)三个部分展开,共收回有效问卷341份。对于汾酒厂员工的问卷设计,主要围绕技术与组织的关系、对于汾酒发展前景的看法两方面展开。通过对问卷的分析,能更有效率地掌握汾酒生产者和汾阳普通市民对于汾酒的态度和看法。

第二章

# "杏花村"汾酒的多元叙事

伽达默尔(Hans-Georg Gadamer)认为:"历史是理解的前提,又是理解的产物。"自我、语言和世界的联系是有历史渊源的。传统或过去的集体生活作为语言的沉积物进入历史和文化的视野,人类学家在他们的生活世界把这些作为自己的研究对象。汤普森的"历史审问法"强调交互主体性的人类历史文化活动的决定性作用,不使历史解释问题依从方法。因此,对于事物的认识要首先厘清我们所采用的民族志资料或者知识的来源,从而将人类学家的研究与被调查者的认识相区分。要真正认识一个事物,首先要剥离迷雾,使其还原本真,才有可能真正认识它。

对于某项事物的认识,不同主体出于不同的视角和利益考量,会有不同的解释。本章首先介绍了笔者对田野点的认识和思考,然后通过实地考察、查阅资料,选取了三个视角来看待汾酒成名的原因,分别是杏花村汾酒集团、当地普通民众和官方媒体所代表的当地政府。拥有了核心技术的汾酒集团在对汾酒的建构中,反而最看重的是其文化和历史的加持;普通民众倾向于从自然、技术的角度对汾酒进行解读;而在官方看来,汾酒更多代表的是一种经济和产业符号。不同主体的认识构成了汾酒的文化—技术—产业的综合体(complex)。

# 第一节　田野点印象

"汾酒"具有多重意象。对于普通消费者来说,其作为一种彰显自己审美偏好的日常消费品而存在;对于山西人来说,汾酒有时又代表了一种"乡党情怀"的物质文化;对于盛产汾酒的汾阳当地人来说,汾酒既是一种生活中不可避免的主题,又是一种重要的生计手段。本书所关注的"汾酒",是一种渗透了地方文化和物质文化意义的传统技艺。通过对作为传统技艺和物质文化的汾酒的研究,来对汾酒从一种地方技艺发展为现代产业的动力或机制进行社会学的思考。

## 一、初遇"杏花村":气派和杂乱合一

第一次田野考察时间为 2017 年 7 月 4 日至 7 月 11 日,为期一周。这次考察笔者首先对当地的酿酒和饮酒习俗、售酒情况进行考察,评估是否可以作为研究的田野点。主要对杏花村汾酒厂(国有企业)、"汾阳王"酒厂(民营企业),以及杏花汾酒厂(个体企业)三类不同层次的酒厂进行考察。扎根理论,强调研究问题的提出和理论的形成是一个自然呈现(emerging)的过程,研究者要作为"一张白纸"进入,不先入为主。① 虽然在进入田野之前,已经对杏花村及当地的酿酒情况有了一定的了解,然而在实际"进入"田野的过程中,研究者尽量让自己以一种旁观者的身份去看待当地的酿酒生态,形成最初的认识。初入"杏花村"记录的日记,在今天

---

① 冯琳."她者"的力量:凉山彝族女性的艾滋风险叙事[D].天津:南开大学,2020.

看来,正是研究主题的一种侧面表达:

> 从火车站还没出来,硕大的两个杏花汾酒的广告牌子就进入了我的视线。紧接着,乘坐着一辆小轿车去往汾酒厂,杏花村基本上只有一条大的公路,公路的两旁尽是各种汾酒的店铺,店铺的装修风格大同小异,门面大小也各异,然而主题都逃脱不了一个"酒"字。各个店铺的名称也不尽相同但又大同小异。有"杏花酒业""义泉涌""杏花汾酒""义泉泳""杏花村酒家"……就是在"杏花""汾酒"及"义泉涌"之类的老字号之间排列组合。这样混乱又有序的组合不禁引起了我的好奇,混乱的是大大小小无数酒家难以分辨,这么多酒家到底哪家是最为正宗的? 还是只要出自杏花村的就是好酒? 有趣的是虽然店铺开在了道路的两侧,然而古色古香的仿古建筑的酒厂却只开在道路的北边一侧。

当时日记的记录实际上反映了杏花村当地的三个显著特点:其一,酒业成为当地一项重要的地域产业,而且从古至今,具有深厚的文化渊源;其二,酒业的发展良莠不齐,外地人很难区分店铺之间的优劣;其三,当地对于酿酒的看法深受"自然决定论"的影响,因此酒厂集中在某一区域之内,有"居然迁地弗能良"的特性。带着对杏花村汾酒的"初认识",开始了接下来的考察,并且逐渐描画出要考察问题的轮廓:杏花村当地的酿酒业盛行于当地的文化是否存在什么内在的联系? 既然同属地域产业,杏花村汾酒厂所酿汾酒与其他酒厂所酿清香型白酒是否存在显著的不同? 汾酒在杏花村成为"世业",自然因素在其中发挥了什么样的作用? 社会、文化因素又分别对酿酒技术的形成产生了什么样的影响?

首先,深入汾酒博物馆对汾酒的文化和历史进行初步了解。从汾酒博物馆的展览陈设和汾酒厂文化广场的布局就可以看出"局内人"对自身文化和发展的认识。后来通过查阅资料了解到汾酒厂对自身的文化建设在国内名酒企中属于比较早的一批。1981年,刘集贤、文景明出版了《杏花村里酒如泉》一书,①较为系统地介绍了汾酒的文化、历史和汾酒厂的发展沿革。1984年左右,又着手建立汾酒博物馆,2007年完成最终的扩建。博物馆以汾酒在历史典籍和政治会议、文化典故中出现的时间为线索,总结了汾酒的"四次光辉时刻"②。从这四次光辉时刻的选择可以看出作为饮品的汾酒已经被赋予了政治、文化的内涵。同时,在汾酒工业园林中,矗立着十尊铜塑雕像,既有前面提到的南北朝时期使得汾酒永驻史册的皇帝高湛、《清明》诗句流传千古的作者杜牧、为汾酒谱曲的文人曹树谷③等文人,更有使得"老白汾"冲出中国,摘得桂冠的义泉泳大掌柜杨得龄、研制出竹叶青配方的傅山、使得汾酒酿造有章可循的微生物专家方心芳、"酒界泰斗"秦含章,直至现代汾酒厂的厂长秦斌、常贵明和科研带头人赵迎路都榜上有名。④从以上十大人物的评选可以看出,与博物馆的展出有所不同,作为一个企业共同体,员工更倾向于认同为企业发展核心的技术和管理要素做出贡献的人才。

其次,为了考察不同级别的酒厂之间有何异同,对于生产环节过程中的身体实践、工具运用,班组内的合作状态进行详细的考察。直观感受就是大酒厂与小酒厂之间的工作模式相同——酿造环节环环相扣,通过班组作业;而不同之处也十分明显:卫生条件和资金设备相差甚远:如在扬冷手段(一些小酒厂由于缺乏资金,采用过去落后的鼓吹机进行扬冷处理),发酵的辅料(汾酒厂采用棉布、一些小酒厂采用稻草或水泥)等。造成这种差异性或相似性的原因有哪些? 这些差异的形成是否是形成酒类

---

① 刘集贤,文景明.杏花村里酒如泉:山西汾酒史话[M].太原:山西人民出版社,1978.
② 分别是:南北朝被定为宫廷御酒,推崇至极;盛唐时一首《清明》家喻户晓,绝唱千古;1915年巴拿马赛会折桂,驰名宇内;建国后三次"国家名酒"无一旁落。
③ 曹树谷(1791—1860),写了七言绝句《汾酒曲》八首。
④ 这十尊雕塑及相关介绍位于汾酒厂内的工业园林,由该厂职工票选出。

参差不齐的主要因素？

　　第一次去"杏花村"的感受是十分充盈又充满震撼的。一方面，由于汾酒厂对文化追溯的路径缺少对地方文化内涵的观照，因而在研究中不得不"埋首故纸堆"，开启笔者寻找酿酒文化支持漫长的"地方历史之旅"。从汾阳当地的文化特质入手，探寻技术形成的历史文化要素。另一方面，同样是以"酿酒为生"，个人之间处境的不同让人震撼。杏花村汾酒集团成了杏花镇的中心地带。厂区包括技术中心、贮粮厂、酿造区、行政楼、现代化的集装厂等业务部门，还建设了专供游客参观的汾酒博物馆和公园（公园绿化率很高，里面流的水据说是酿酒下流处理过的污水），也覆盖了相应的酒都食堂、子弟学校、派出所和住宅区，俨然一个功能齐全的小型社会。从古代的家家酿酒的村落，到现在当地人集中工作的厂区，伴随着时间的推移，酿酒仍然是杏花村的主题，只不过生产形式从家庭作坊变成了现代化生产。从这个意义上说，杏花村仍然是历史上牧童遥指的杏花村。而在杏花村酒厂外围，一个小栏杆外面，充斥着卖水果的、卖食品的小商贩，在道路尽头，看不见的地方，有许多人家都建有锅炉房、储酒罐，在政策松动的情况下，偷偷进行酿酒、售酒的生意。在宽阔笔直的酒都大道外，像一个破落的城中村，显得稍稍有些违和。而在酒厂工作的人群，将宽阔明亮的"酒都"与残破落后的"酒村"联系起来，通过技能的社会流动，支撑起杏花村的产业发展，也建构了其社会秩序。

## 二、深入"汾酒厂"：现代和传统的张力

　　通过对《汾酒通志》及《汾阳县志》《山西轻工业志》等志书中关于汾酒内容的了解，对酿酒活动有了一些科学理性的认识。而通过阅读《汾酒源流》《汾酒时刻》等一些介绍汾酒文化、汾酒历史的书籍，可以对汾酒人和汾酒的认识有一定的了解。在研究过程中，笔者逐渐将过去的研究范围

缩小和精确,产生了一些新的研究问题,如:①作为传统产业的酿酒技术与现代化的发展之间的关系。在现代化量产的要求之下,传统匠人依靠身体技术、知识传承的技能传承方式发生了怎样的变化? 酿造和后续的勾兑、贮存等环节之间的关系如何? ②汾酒厂与其他地方酒厂之间的关系是怎样的? 技能在地方产业中是如何传递的? 什么才是真正意义上的汾酒? ③消费市场的变化对于汾酒产业的影响如何? 汾酒的发展路径与中国白酒产业的发展路径之间是怎样的关系?

2020 年 6 月 1 日至 6 月 20 日,笔者进行了第二次田野考察。这次考察主要在汾酒厂进行。由于想搞清楚作为现代产业的汾酒集团从原料、采购,到酿造、贮存,再到成装、销售等环节每一步的基础设施(软硬件)和全流程的情况,因此将问题拆解,有针对性地对不同部门进行访谈,并与实地观察相结合的方式进行调研。

总体来说,访谈从以下三个方向展开:首先是一线工人对于酿酒的理解和对酿酒车间生态的考察;其次是技术部门对于汾酒酿造技术的理解和近些年所做的革新工作;最后是人力、销售、贮配等其他部门对汾酒的多方面理解。对于酿造车间的一线工人,访谈的问题从以下几个方面展开:①对酿造过程的看法,是一项技术还是艺术? 如果是艺术的话,最能体现艺术性的环节有哪些? ②有哪些工艺的变迁? 如何看待工艺变迁? 对工艺"丢、改、退"现象的看法。③对待机械化的看法,酿酒的过程能否被机械取代? 如果不能取代,人工操作最不能被替代的地方体现在哪里? ④操作指标和具体经验操作的关系如何把握? 如何看待技术部门对于工艺精细化的规定? ⑤除了师徒制(传帮带)的过程,技能学习的方式还有哪些? ⑥酿造过程中最重要的品质有哪些? 工匠精神在年轻一代中是否有所传承? 团队合作在酿酒过程中如何体现?

对于技术中心的研发人员,访谈的问题则围绕以下六个方面展开:①对于汾酒酿造中技术传承和创新的关系如何认识? ②在现代化指标中如何体现工匠自身的价值？③技术研发部门近些年有哪些重大的技术变革？对汾酒本身的酒体有哪些影响？④对于汾酒厂不同部门之间关系的认识？哪个环节相对最为重要？⑤汾酒厂的核心技术体现在哪些方面？与其他清香型白酒有哪些不同之处？⑥对于机械化的态度如何？机械化是否能够取代人工成为酿酒的主要形式？

通过与一线酿酒工人与技术中心相关领导的访谈，更加确定了研究主题，主要围绕以下几对矛盾展开：首先是酿酒的技术定位问题。酿酒活动作为一种技术实践是一种什么类型的技术？技术的传递是通过什么样的方式得以完成的？其次，与第一个问题相关，本书关注的还有现代化背景下传统技术的发展路径问题。技术的指标对于匠人的经验具有怎样的作用？现代和传统的关系如何？最后，本书还关注的一个话题是作为一项地域产业，杏花村汾酒厂与其他地方小厂之间的关系如何？

实际上，传统文化的发扬和现代效率的提高是每一个传统技术在现代化的过程中遇到的问题。汾酒厂技术中心近年来做的一个重要工作就是将汾酒工艺"精细化""标准化"，制定从原料采购、原粮粉碎、高温润糁、发酵蒸馏到酒缸储存等每个环节的相关指标，如粮食颗粒大小、粮食和水的比例、温度、湿度等，而吊诡的是，相关负责人在谈到对于酿酒的看法时，仍然将其视为一种"艺术"。在被现代化浪潮裹挟，尤其是工业 4.0 信息化时代到来的今天，如何平衡好所谓"艺术"（传统）和"指标"（现代）的关系，恐怕是汾酒乃至其他传统技术面临的一个共同课题。

## 第二节 酒企的历史文化话语

后期维特根斯坦（Ludwig Wittgenstein）提出，文化是一种对于物质及精神生活的选择方式。而研究则是发现人们在不同场合形成不同社会关系的规则。通过在不同的解释中寻找一个较好的理解对文化进行阐释，就是研究者的工作职责所在。①基于此，深入汾酒企业探寻它对汾酒形象的认识和理解。汾酒博物馆显然是对"理解的理解"的一扇窗口。围绕汾酒发展和成名的历史，我们看到汾酒厂选择了四个历史事件作为汾酒的"四次光辉时刻"。其一：以《北齐书·卷十一》："帝在晋阳，手敕之曰：'吾饮汾清二杯，劝汝于邺城两杯。'其亲爱如此"②中的文献记录来证实汾酒"在南北朝被定为宫廷御酒，推崇至极"；其二："盛唐时一首《清明》家喻户晓，绝唱千古，杏花村成为'诗酒天下第一村'"；其三："1915 年巴拿马赛会折桂，驰名宇内。巴拿马万国博览会上，汾酒是中国获得甲等金质大奖章的唯一标明产地和品牌的白酒"；其四："建国后三次'国家名酒'无一旁落。"

从以上四个光辉时刻可以看出，汾酒的文化营销可谓是在选择日趋多元的今天，按照对于人们文化选择的揣测进行的文化"传销"，而历史的追溯实际上是文化营销的一个有力的组成部分。其将北齐书中"汾清"的出现算作汾酒的第一次高光时刻。然而"汾清"与今天"汾酒"的关系还有待商榷。杜牧笔下的"借问酒家"的诗句被列为汾酒的"四大高光时刻"之二。在这句诗中，我们似乎能够感受到田园怡然自得的愉快氛围。对于文化的探讨与历史的追溯，异曲同工，都是对于汾酒文化品位的塑造。实际上，此类营销手段在当今的白酒市场中并不少见。刘世松在《中国酒业经济观察》一书中提到了"伪酒文化六式"，分别是帝王将相式，妖魔鬼怪式（"挖地三尺"也要找到一些人、神、妖、鬼的传说与故事，加入企业文化中），空中楼阁式（起个有噱头的名字或怪异的名字），与时俱进式（围绕潮流，不时创造"闪光"点，没有聚焦和内涵），盲目烧钱式和借鸡生蛋式

① ［美］罗伯特·C.尤林.理解文化：从人类学和社会理论视角［M］.何国强，译.北京：北京大学出版社，2005：译序11.
② ［唐］李百药.北齐书：卷十一：62.

(靠母品牌,搞品牌延伸)①来讽刺现在酒企在宣传酒文化时的混乱局面。用历史和文化来营销无可厚非,关键要找到其背后的真实历史和文化勾连,使其真正具备该酒品牌的文化底蕴和特色。

在"汾酒的四次高光时刻"中,后面两项谈到的都是汾酒获得嘉奖的历史。一次是在巴拿马万国博览会上作为"唯一标明产地和品牌"的白酒斩获了"金质大奖章",另一次是新中国成立后"三次评奖无一旁落"。通过标榜获奖的经历,来从技术的角度证实其作为名酒的当之无愧。然而汾酒的获奖除了技术因素是否还有其他因素的作用?或者说技术的因素本身是否包含着其他社会、政治、文化因素的影响?巴拿马万国博览会的获奖,正值中华民国民族主义思潮正盛,国民政府想要向世界展示中国形象的时刻。此时的获奖,实际上是民族主义对"国货"的一次绝佳证明,而不仅仅是对汾酒口味的判定。而新中国成立后的评奖,实际上也是多重因素作用的结果。尤其是1952年的第一次评奖,这次评比是根据理化分析结果按名酒的入选条件,将8种历史悠久、在国内外有较高信誉,不仅经销全国而且供应出口的酒命名为我国八大名酒。②更多考虑的是名气和出口情况。因此,对于两次嘉奖,更多是作为一种宣传上的作用,而不仅仅是真正技术上的品评。

从以上对于高光时刻的选取可以看出,企业对于历史文化标榜和权威地位的追捧。实际上,从酒企领导对于企业的宣传活动也可以窥见一二。2004年,汾酒厂举办了"中国·山西杏花村首届汾酒文化节",可谓开启了对于汾酒文化进行归纳和宣传的篇章。随后,《汾酒的文化·第三辑》出版,将首届文化节的成果集中展示,其中时任汾酒厂董事长的郭双威在该书序言中将汾酒文化的精神归纳如下:"诚信、坚忍、创新、开放、儒雅、

---

① 刘世松.中国酒业经济观察[M].北京:新华出版社,2015:27.
② 李大和,编著.白酒勾兑技术问答[M].北京:中国轻工业出版社,1995:20.

时尚。"其中的"坚忍"暗指 1998 年朔州假酒案后汾酒被地方保护主义打压之后艰难重生,而"创新"和"开放"的提出依据的都是汾酒发展历史中的事件。"创新"体现在最早发明了"干和"方法的汾酒前身,完成了向蒸馏酒的完美蜕变;而"开放"则是指以汾酒商人为代表的晋商将汾酒带至全国各地,并冲破国门,在国际上勇夺大奖的历史。①在汾酒厂内部书籍《汾酒五十年:1949—1999》一书中,记录了汾酒厂曾经领导高玉文对汾酒发展布局的理解:坚持"酒业为本、市场导向、品牌经营、内涵发展"总体发展战略目标。2002 年,郭双威上任后,开始主打"文化牌",推出国藏汾酒系列,只在山西省外市场上市,取得了不俗的成绩,同时打造了"杏花村汾酒文化节",提出打造"历史文化体系""诗文体系"及"产品文化体系"。②

2009 年,李秋喜将汾酒精神进一步概括,提出了"中国酒魂"的概念,认为"中国酒魂时代的核心内涵是以'振兴国酒'为核心的诚信与创新、变革与开放、责任与担当、激情与梦想"。其中的"国酒"概念仍然源于 1915年汾酒获得巴拿马万国博览会金质大奖章的历史事件。基于此,对于汾酒的核心竞争力和内涵进行了重新的定义:"中国白酒产业的奠基者,传承中华白酒文化的火炬手,中国白酒酿造技艺的教科书,见证中国白酒发展历史的活化石。"③从这个定义可以看出,对于汾酒文化的理解仍然是从历史悠久和民国年间汾酒随山西商帮向全国的大扩散的历史来展开的。另外,2015 年出版的《晋商与汾酒》一书中,有多篇文章提到了汾酒在民国时期向其他地方进行技术传播和文化辐射的过程。其中,李秋喜在《汾酒商人与晋商精神一脉相承》一文中提到了汾酒销售的四种方式:"1. 直接将山西杏花村生产的汾酒向外地贩运;2. 请山西杏花村酿酒师到全国

---

① 郭双威,总编.汾酒的文化:第 2 辑[M].太原:山西杏花村汾酒集团有限责任公司,2004:前言.

② 杨贵云,王珂君.中国名酒:汾酒(下卷).北京:中央文献出版社,2013:511-516.

③ 杨贵云,王珂君.中国名酒:汾酒(下卷).北京:中央文献出版社,2013:561.

各地,仿照汾酒制法酿酒;民国《徐沟县志》第四章"商史"载,清代"东三省、山东、察、绥、甘各省地方,凡产有高粱、豆、米原料者,无不多有晋师制酒,谓之烧锅";3.垄断全国烧酒大曲的生产和经营;4.在杏花村建立生产基地,树立行业标杆。"①

徐俊斌在《以汾酒为代表的山西白酒是中国白酒祖庭》一文中,将汾酒的传播路线总结为:"以山西湖北广东为中轴线(晋商的万里茶路),东向山东直隶等地传播、西向川陕云贵等地渗透的'一轴两面、东传西渐'的技术传播。"并且提出:"以汾酒为代表的山西白酒就是在这时通过外销、酿造技艺传播和异地设厂,形成了一次历时长久、规模空前的大进军、大扩展、大渗透。"②成一《汾酒贵于久》一文中直接点明了汾酒的特点在于"大而久"③。

本节将汾酒企业"汾酒的四次高光时刻"和历任领导关于汾酒文化的理解和宣传作为文本,发现企业对汾酒的理解和解读主要从文化和历史的追溯入手,注重对于历史挖掘中汾酒"权威地位"的回溯——不论是巴拿马获奖,还是汾酒向全国各地的"大扩散、大进军",都是曾经辉煌的历史。而即便是对于技术的强调,也没有从技术本身的"健康""卫生"等特质入手来进行解读,而是从获奖的历史经历入手进行一种文化的宣传。然而建立在对汾酒的理解上的这样的宣传又产生了新的问题:在追求个性化、独特性的今天,对曾经辉煌的历史的一味强调,对普通消费者来说,难免有些枯燥,在一众宣传自己拥有久远历史的酒类品牌中并不突出。

① 李秋喜.汾酒商人与晋商精神一脉相承[C]//张琰光.晋商与汾酒.太原:山西经济出版社,2015:189.

② 徐俊斌.以汾酒为代表的山西白酒是中国白酒祖庭[C]//张琰光.晋商与汾酒.太原:山西经济出版社,2015:208.

③ 成一.汾酒贵于久[C]//张琰光.晋商与汾酒.太原:山西经济出版社,2015:24.

# 第三节 当地居民对"自然赐酒"的认知

　　与企业对于汾酒形象的文化营造不同,当地民众对于汾酒得以流行的原因多是从自然因素进行分析,体现出了朴素的自然决定论的观念。为何杏花村会盛产汾酒? 当把这个问题抛向杏花村当地的居民,他们多多少少都会从自然因素给出自己的解答。有人从水和气候的角度解释:"当地的水比较好。用专家的说法,杏花村当地是一个小气候,跟汾阳不太一样。这边的湿度要比汾阳湿一些。比如这边下雨,汾阳就不一定。空气各方面都比汾阳市里好一些。"(冯静)也有人从微生物、地形的角度解释:"微生物群,为啥叫微生物? 它有它的局限性。它只能在它的局部,它已经适应了这块儿了,包括当地的温度、湿度,包括食物的来源,以后哺育下一代的条件都有。当地有它的食物来源,它就不用去外地了。"……"杏花这个地方长时间来说,最起码食物不缺。因为有食物链。虽然微生物不直接吃粮食,但是属于食物链的一环。有其他东西吃食,就能保证。再就是温度、湿度。因为这个地方是晋中盆地。"(郭华)[1]

　　实际上,汾酒在当地的起源和发展确实离不开其适宜的自然环境。酿酒的人都熟稔一句金科玉律:"水为酒之血,曲为酒之骨。"说的是好的水源犹如酒的血液一般重要,水质的好坏直接影响酒的香气及口感。所谓"水味不同,酒力亦因之各判"[2]。而中国蒸馏酒传统使用的糖化发酵剂是大曲和小曲,因为使用的原料不同,培菌温度的差异使得微生物种类、

---

[1] 2017年7月和2020年6月,笔者进入杏花村进行了两次田野调查,都进行了非结构访谈。其中第一次访谈对象主要是杏花村的当地居民,第二次的访谈对象主要是从事汾酒酿造相关工作的专业人员。该部分的访谈记录来自第一次访谈所得。其中用到的人名皆为化名。

[2] 安介生. 美酒与美景:汾酒与河景观环境史简论[C]//张琰光. 晋商与汾酒. 太原:山西经济出版社,2015:95.

数量、比例不同,蒸馏酒具有了丰富多彩又独具特色的风味。水源和微生物的形成都需要特殊的自然环境的加持,因此,每种名酒的形成都离不开当地优越的自然地理环境。我国浓香型和酱香型白酒的发源地位于被称为最佳酿酒纬度带的岷江(宜宾段)、长江(宜宾—泸州)、赤水河流域,这个区域形成了"中国白酒金三角"[①]。而杏花村地区的井水,属于地下水,水源丰富,水质优良,含水层属于第四系松散岩类孔隙水,矿物质含量高。水中的各种盐类、矿物及不同的酸碱度,会影响到大曲微生物的生长繁殖、原料的发酵、酒醅中各种有机物的生成。同时,水中的有机挥发物可以直接随蒸馏的酒气进入酒中,影响酒的气味。杏花村的井水恰恰符合汾酒的用水要求,经过多年的沉淀、微生物的繁殖,更加难以取代。[②]《汾州府志》提道:"县城东北有杏花村,村有古井,水清冽而甘馨,啜之沁人心脾,以其酿酒,品味传神,芳香溢肆。"[③]清代学者曹树谷在《汾州曲》中也留下了"水重依稀亚蟹黄""居然迁地弗能良"的诗句。1933年,酿造与微生物专家方心芳到杏花村考察,得出了汾酒用水的分析报告:"杏花村古井水质极佳,用以酿酒优良。"[④]可见,当地水对于汾酒酿造的重要意义。

酿酒离不开水资源的哺育,更需要粮食资源作为后盾。黄土高原土地肥沃,古老的农耕文明最早在这里繁衍。剩余粮食的出现使酿酒成为可能。我国最早关于酒发明的传说都来自北方的黄土高原地区。周朝历史文献《酒诰》记载:"酒之所兴,肇自上皇。或云仪狄,一曰杜康;有饭不尽,委余空桑;郁结成味,久蓄气芳;本出于此,不由奇方。"上皇即炎帝。《战国策》记载:"昔者,帝女令仪狄作酒而美,进之禹,禹饮而甘之,曰'后

---

① 冉景亮."中国白酒金三角"的定位及空间布局分析[G]//曾绍伦主编.川酒发展研究论丛(第一辑).成都:西南财经大学出版社,2014:117.

② 《汾酒通志》编纂委员会.汾酒通志·第五卷汾酒工艺[M].北京:中华书局,2015:308.

③ 《汾酒通志》编纂委员会.汾酒通志·第二卷酒香概览[M].北京:中华书局,2015:79.

④ 孙颖川,方心芳.汾酒用水及其发酵秕之分析[M]//《汾酒通志》编纂委员会.汾酒通志:第十三卷论文选读.北京:中华书局,2015:1202.

世必有以酒亡国者'，遂疏仪狄，而绝旨酒。"①不管是仪狄造酒说、炎帝造酒说，还是杜康造酒说，酒最早都出现在北方土地肥沃、粮食盛产之地。山西中部的汾河沿岸，是山西高粱的主产区之一，种植面积广且产量高。汾酒酿造所用的高粱，主要产出于汾阳县及周边平遥、介休、文水、清徐县等汾水流域及汾州府范围。②专家分析，高粱中含有一种特殊成分——单宁。单宁赋予白酒一种特殊的香气，但是过多则对酿酒不利。单宁的成分是中国白酒区别于其他国家蒸馏酒的根本所在。汾酒酿造1400余年历史遗留下来的原料是一把抓高粱和大麦、豌豆曲。③晋中地区所产的"一把抓"高粱颗粒饱满，大小均匀，壳少，含淀粉丰富，为酿酒提供了绝佳的原料。1970年以后，汾酒酿造使用杂交高粱——"晋杂4号""晋杂5号"。今天，为满足大规模量产，汾酒集团在东北、内蒙古等地开辟了新的粮食产区，并且培育了不同的粮食品种用来酿造汾酒，然而当地的高粱为汾酒酿造技术的发展和传承提供了重要的保障和支撑。

同时，气候为微生物的繁殖提供了得天独厚的环境，间接塑造了汾酒的独特口感。"打开灵石口，空出晋阳湖"的汾阳具有冬寒夏暑，四季分明的气候特征，西依吕梁山，东濒汾河水，地处晋中汾河谷地的汾阳极为适合微生物的繁殖，这些微生物经过长期的选择、淘汰、繁衍，在汾阳地区安家落户，几千年代代相传，绵延不绝，形成了酿造清香型酒得天独厚不可复制的优质资源。汾酒酿造的一个古老传统也是关键环节是"地缸发酵"，其原理是让原料在一个适宜的环境中和大曲微生物的作用下，先转化为糖，然后再由糖转化为大量的酒精类物质。而酿造汾酒的大曲含有多种复杂微生物，由于糖化和发酵是在密闭状态下同时进行的，所以在发

---

① 《中华大酒典》编辑部，编.中华大酒典：第1卷综合篇[M].北京：中国商业出版社，1997：34.

② 安介生.美酒与美景：汾酒与河景观环境史简论[C]//张琰光.晋商与汾酒.太原：山西经济出版社，2015：67.

③ 山西省轻工业厅.关于保证汾酒、竹叶青酒用原材料品种和质量的请示[M]//《汾酒通志》编纂文员会.汾酒通志：第11卷文献史料汇编[M].北京：中华书局，2015：741.

酵过程中的变化较为复杂,发酵过程主要靠一些经验性的较模糊的指标或工艺把关。因此,天然的微生物群对汾酒酿造的关键环节起着重要的作用。

粮食、水源、土壤、气候等因素的确对酿造汾酒发挥了重要作用,当地人对汾酒的成功来自地理条件的观点也无可厚非。然而如果再深入思考,我们会发现,得天独厚的自然资源只是赋予了汾酒成为名酒的先天条件,并不是形塑其"清香型"汾酒特质的决定性因素。当地人对于汾酒的自然决定论的理解,建立在他们对于汾酒文本建构的强文化范式的基础上,"自然决定"已经成为一种占据主导地位的地方共同体的认知。

## 第四节 地方政府对汾酒产业的强调

作为一个"实体",汾酒不光是作为技能之物和文化载体而存在,对于山西省政府和地方政府而言,在纳入国家管理体系之后,汾酒已经成了地方经济的重要产业。这种产业的角色给予汾酒更耐人寻味的色彩。在历史长河之中,汾酒之名已经打响,在过去几十年中以煤炭经济为特色的山西的发展过程中,汾酒的"白色"成为"黑色"煤炭中的一抹亮丽的颜色。汾阳乃至山西历任政府官员都对汾酒的发展有自己的认识。

内容分析是社会研究方法的一种。通过对于某些"关键词"出现的次数多少、关联意象的分析,可以总结出作者对某些事物的态度和看法。本书通过采用内容分析的方法来获得山西政府对于作为实体的"汾酒"的理解和认识。考虑到将汾酒代表的"白色产业"与山西整体经济发展模式进行对比,以及代表政府声音的权威程度,结合资源的可获取性,选取《山西日报》作为内容分析的样本来源。具体采用"读秀"学术搜索,获取《山西日报》的线上版本。在"读秀"学术搜索中输入关键词"汾酒",左侧"来源"

选项中选取代表山西官方媒介声音的《山西日报》;由于 2011 年开始《山西日报》推出了"汾酒周刊"的特刊,刊登的内容无法代表官媒对于"汾酒"的态度,并且 2011 年以后对汾酒的关注多停留在汾酒冠名的体育事业或者慈善事业上,与本书主体关联不大,因此 2010 年以后的内容不予选取,"年代"从"2000 年"依次选取至"2010 年"。其中,剔除重复显示和与本书主题无关的"汾酒"相关内容(如汾酒冠名的运动会的报道),从数量上看,从 2000 年至 2010 年间,每年与"汾酒"有关的内容有 2~8 篇不等,总共有 42 篇。从下图可以看出,2000—2010 年间,山西省政府对于汾酒一直比较关注。其中,2007 年,官方媒体(以《山西日报》为代表)首次将汾酒与晋商建立联系,举办了"晋商与汾酒文化研讨会",报道篇数有所增加,在官方和企业的推动下,汾酒文化首次与晋商文化、黄河文化相勾连。

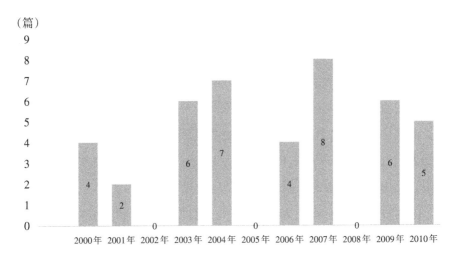

图 2.1 《山西日报》"汾酒"相关主题篇数分布

在这 42 篇相关报道中,将内容总结为以下四个方面:①关于汾酒酿造技术的特征描述;②对于汾酒集团经营情况的介绍;③关于汾酒形象和汾酒文化的思考;④汾酒面临的白酒市场和管理体制方面的危机等。通过摘取关键词的方式对汾酒相关内容进行二级编码,总共摘取关键词 78 个。从总体的编码数量来看,关于"汾酒"的话题中,汾酒文化和汾酒形象的编码数量最多,有 38 个,占所有汾酒编码体系中的 48.7%,其次是对于汾酒集团的介绍,编码数量有 28 个,占二级编码数的 35.9%,对于汾酒酿造技术和市场情况的关注比较少,编码数量各 6 个,分别占比 7.7%(见表2.1)。可见,政府官方对于汾酒的认识主要集中在将其视为国有企业的经济主体的产业之维,对于汾酒形象和文化的介绍也是围绕着汾酒集团的实体来展开。

表2.1 "汾酒"主题二级编码情况表

| 二级编码名称 | 编码数量(个) | 百分比(%) |
|---|---|---|
| 汾酒酿造技术方面 | 6 | 7.7 |
| 汾酒集团的地位和情况方面 | 28 | 35.9 |
| 汾酒形象和汾酒文化的介绍方面 | 38 | 48.7 |
| 汾酒面临的白酒市场情况 | 6 | 7.7 |
| 总计 | 78 | 100.0 |

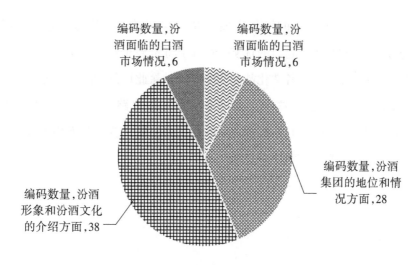

图2.2 "汾酒"二级编码四类情况分布占比图

下面,对上述二级编码所包含的各类一级编码内容、数量及含义逐一进行梳理。第一,在酿造技术方面。既提到了环境对于酿酒的作用,也提到了新的科技成果对于酿酒技术的改进,其中特别强调了对于"勾调"(勾兑)这一现代技术的重视。从对技术的关注方面,可以看到对于酿酒技术的改进侧重于通过现代技术对于汾酒的风格、出酒率、新技术研发和勾兑等关键环节进行改进的情况(见表 2.2)。

表2.2　汾酒酿造技术方面一级编码情况表

| 一级编码名称 | 编码数量（个） | 所占百分比（%） | 代表性话语 |
| --- | --- | --- | --- |
| 当地特殊自然条件 | 1 | 16.7 | "结合当地特殊的自然条件创造出来的" |
| 酒的类型 | 1 | 16.7 | "清香型汾酒的优质酒率明显高于浓香型、酱香型等名酒企业" |
| 新的科技成果 | 1 | 16.7 | "'白酒多级雾化超重力旋转'科技成果" |
| 优质酒率 | 1 | 16.7 | "提升优质酒品质" |
| 勾调(勾兑) | 2 | 33.3 | "并实现商品白酒勾调中的融合熟化" |

第二,在汾酒集团的形象方面。特别强调其作为优秀国企和省级企业的标签及其"利税"能力的优势,致力于将汾酒企业树立为一个省的"名片"。体现了汾酒的"名文化战略"的特征。除此以外,多次提到了创新的问题,也隐隐表达了对这个大型国企未来发展之路的担忧。值得一提的是,除了经济成绩有目共睹外,在情感上将汾酒视为"关乎山西信誉"的品牌,具有深厚的情感依恋(见表 2.3)。

表2.3 汾酒集团形象方面一级编码情况表

| 一级编码名称 | 编码数量（个） | 所占百分比（%） | 代表性话语 |
|---|---|---|---|
| 优秀国有企业、省级企业 | 8 | 28.57 | "2003年度中国最具影响力企业""2004年度'中国最具成长性企业'""我省国有企业保增长、保民生、保稳定的主力军，是省政府12户授权经营企业之一，是山西为数不多的传统知名品牌企业之一" |
| 营销 | 2 | 7.14 | "营销创新年""汾酒集团抓住巴拿马获奖百年庆典这样一个难得的历史机遇开展活动，这种做法在经济学上称为'事件营销'" |
| 利税、营利 | 6 | 21.43 | "曾连续6年综合经济效益位居全国食品饮料行业第一名""山西第一股、白酒行业第一股" |
| 创新 | 5 | 17.86 | "机制创新、技术创新、管理创新、营销创新" |
| 酒文化旅游 | 2 | 7.14 | "中华酒文化的旅游胜地""酒文化旅游基地" |
| 山西信誉、名片 | 5 | 17.86 | "汾酒是山西的一个产业品牌和文化品牌，从某种意义上说关系到山西的信誉""汾酒是山西人的骄傲""作为汾酒的故乡，吕梁人民引以为荣" |

　　第三，在汾酒文化和汾酒形象方面。对于汾酒文化的认知是一个逐渐加深和确认的过程。总体来说，对于汾酒形象的体认首先离不开对于黄河文明、中原文化的历史追溯，这种认识与汾酒集团企业对于汾酒形象的营销不谋而合。由于上文提到的对于汾酒归属感的体认，1998年朔州假酒案带来了巨大的冲击，产生了"不让名牌在我手中倒下"的危机感。伴随着对于汾酒历史的考证和挖掘，逐渐清晰了官方汾酒形象的定位，以"国酒之源"的定位重新标榜了自己的文化定位（见表2.4）。

表2.4 汾酒文化和汾酒形象方面一级编码情况表

| 一级编码名称 | 编码数量（个） | 所占百分比（%） | 代表性话语 |
|---|---|---|---|
| 百年名牌 | 6 | 15.79 | "不让'名牌在我手中倒下'""历史名酒""中国第一历史文化名酒" |
| 历史追溯、巴拿马获奖 | 5 | 13.16 | "巴拿马万国博览会上获得甲等金质大奖章""五次蝉联国家名酒称号和国家名酒金奖" |

| 一级编码名称 | 编码数量（个） | 所占百分比（%） | 代表性话语 |
|---|---|---|---|
| 文化体系 | 7 | 18.42 | "汾酒文化史上第一个以历史文化体系、诗文体系、典故体系、产品文化体系和收藏体系等五个体系为基本框架的汾酒文化体系" |
| 打假 | 3 | 7.89 | "李鬼作孽李逵遭殃" |
| 杏花村 | 2 | 5.26 | "杏花村汾酒文化节""杏花村作为'诗酒天下第一村'" |
| 诚信、晋商 | 1 | 2.63 | "'诚信、和谐、共赢、发展'为主题、汾酒文化与晋商文化、黄河文化一脉相承" |
| 酒文化根祖 | 9 | 23.68 | "中国白酒老大""国酒之源,清香之祖,文化之根""汾酒曾引领中国白酒走出一条'丝绸之路'" |
| 口感 | 4 | 10.53 | "香绵清纯,柔和中又有一种韧性的坚贞""清香典雅、甘美纯正""清澈透明、清香纯正、绵甜清爽、余味爽净的清香风格" |
| 品质、价格 | 1 | 2.63 | "一流的品牌,二流的包装,三流的价格" |

第四,在汾酒的市场情况方面。与对于汾酒的文化内涵深入挖掘的情况不同,官方媒体对于汾酒市场的关注情况较少。然而在白酒市场竞争日趋激烈的大环境下,也作出了一些应对危机的思考,如在管理体制方面,学习其他酒企进行"挥刀瘦身"等(见表2.5)。

表2.5　汾酒市场情况方面一级编码情况

| 一级编码名称 | 编码数量（个） | 所占百分比（%） | 代表性话语 |
|---|---|---|---|
| 竞争 | 2 | 33.33 | "白酒市场日趋激烈的竞争" |
| 市场占有率 | 3 | 50.00 | "近几年,白酒行业无论业绩还是股价都已跌至低谷,整个行业的投资价值有被低估的倾向""作为清香型白酒典型代表的汾酒,30年前的市场占有率曾占全国白酒70%以上。而近年来,市场占有率仅为10%。有效提升清香型酒的市场地位和身份已成为汾酒当务之急的责任" |
| 品牌扩张 | 1 | 16.67 | "品牌扩张、'挥刀瘦身'" |

结合《山西日报》中对于"汾酒"相关词条的报道,对相关内容进行一级编码和二级编码。在报纸的文本中,我们能看到汾酒发展的线索:在汾酒产业带来的客观效益下,汾酒企业成了代表山西的"优秀企业",于是寻找文化定位就成为题中之义。借助历史和文化的加持,汾酒拥有了"国酒之源"的定位。然而激烈的市场竞争仍然让山西这个比较落后的内陆省份有些难以招架。在越来越注重可持续发展的今天,粗犷的煤炭经济早已走到了尽头,白酒产业的"白色经济"成为各级政府的优选。由"黑"转"白"成为山西经济发展的必然选择。政府对于"汾酒"的重视为这项传统技术的发展增添了厚重的色彩。

# 第五节　小结

企业、民众和政府分别从企业品牌文化、技术发展的自然环境和经济产业属性完成了对汾酒的多元叙事。如同技术具有"解释的灵活性"(interpretative flexibility)一样,技术的人工制品其实是由隶属于不同社会群体的个人和集体共同建构起来的,同时他们也赋予了人工制品新的意义。[1]不同主体对汾酒的认识往往出于自身利益的考量。

企业对汾酒文化和历史的重视源自我国白酒品牌文化的营销传统,然而它们一味追求产品历史年限的延长,却并未找到汾酒与山西历史的真正关联;而地方居民对于汾酒自然属性的认识多出于对自身所处环境的感性认知,对技术的认识具有一定的帮助,然而由于身处其中而对于技术背后的文化背景视若无睹;地方政府将汾酒视作一种重要产业,拓展了对汾酒技术属性的认识。然而将注意力完全放在汾酒集团的发展方面,

---

① 刘保,肖峰.社会建构主义:一种新的哲学范式[M].北京:中国社会科学出版社,2011:121.

没有注意到在集团成立前,汾型酒的发展也经历了漫长零散的、经验性的发展时期。

不同主体的多元叙事启发我们拓展汾酒的研究意涵,将其视为酿造技术、受欢迎的酒类消费品及地域产业的综合实体。并且对于汾酒的认识不是一成不变的。要以此认识为基点,解开"语言"的"游戏规则",在承认理解的主观性质的基础上进行批判,揭示汾酒技术文化风格的特质及其历史脉络的社会学逻辑。

第三章

# 技术与文化：汾型酒的技术文化风格

　　不同于将汾酒视作单一的文化或技术、产业的认识，本书将白酒视作一种兼具技术与文化属性的物质文化，这种技术文化一体化的风格也是传统技术区别于现代科技的重要特征。汾酒凭借"地缸发酵""清蒸二次清"等技术，依托地域性诚信义利文化，形成了汾型酒独特的清香品质，并逐步在我国品种繁多的白酒中脱颖而出，成为中国白酒的优秀代表。

## 第一节　中国白酒的"诗酒"意象

　　作为一种传统技艺和物质文化，中国白酒具有与其他传统技艺相似的特点，同时也具备自己独一无二的特色，这种特色集中体现在技术和文化的方面，而在技术与文化之间的相互关系上的不同，则是名白酒之间区别的体现。在春秋战国时期，酿酒技术尚未发展成熟的阶段，对酒的饮用体现的是等级秩序的社会文化秩序；伴随着酿酒技术的发展进步，酒的技术特质和文化特质愈加走向融合，中国白酒的"诗酒"意象可谓是对技术和文化风格的绝佳概括。

## 一、中国白酒的技术文化风格

一方面,中国白酒具有与其他传统技术相统一的一些典型特质。具体来说,中国白酒与其他传统技术一样,都需要将默会的技巧、工序在实际操作中完成,通过精细的雕琢来完成,一般来说,通过师徒制的方式得以传承。"有匪君子,如切如磋,如琢如磨。"这种以工艺品为成果的技术实践体现了中国古代劳动人民"巧"的艺术。①正是工匠精神在传统技艺当中的流淌,使得作为物质文化的工艺品具备了见证人们在不同时代生活方式的功能。另外,在白酒酿造过程中,与其他传统技艺一样,都需要借助恰当的工具来实现各个环节的操作。所谓"天有时,地有气,材有美,工有巧。合此四者,然后可以为良"。"七分工具,三分手艺",技术的实践,首先依靠的是材料的选取,其次,要选择合适的工具。工具的选择对于工艺品成品的好坏具有基础性作用。在汾酒酿造的不同环节,综合运用了甑桶、铁锹、簸箕、地缸、陶缸等不同材质、功能的工具,帮助工艺程序得以完成。

另一方面,中国白酒还具备一些其他传统技艺所不具备的典型特征。首先,从物质文化的形态来看,中国白酒形如清水,没有固定的外观形态,并且难以保存,这就使得无法仅仅通过对它简单地外观鉴赏来评判(外观评判往往只是白酒评判最基础的层次);其次,在物质形态单一性的基础上,白酒更为显著的特点表现为鉴赏的主观性。作为一种饮品,白酒与其他食品一样,具备一定的味道属性,人们提到"酒"时,往往会有"香""烈""浓""醇"等相似的感受,然而与其他具备单一特色的客观性的食品(如

---

① [美]白馥兰.技术与性别[M].江湄,邓京力,译.南京:江苏人民出版社,2006:78.

糖,嗜甜被视作一种人类普遍的口味偏好)相比,白酒不仅所反映的层次更为丰富,而且千人千面,往往难以达成统一。在这样的背景下,对于某种白酒能够达成全国性公认的知名品牌的研究,就更具有社会学的意义;再次,与其他传统技术相比,中国白酒与自然的关系更为紧密,所谓"名酒产地,必有佳泉",白酒的酿造既需要精湛技艺的雕琢,也离不开得天独厚的地理环境。"中国白酒金三角"在长江一带的形成正说明了这点;最后,在主观性的基础之上,作为物质文化的白酒,其背后蕴含的文化意义层次更加丰富,并且酿酒技术与文化、社会之间的关系,相比其他传统技术来说,显得更为紧密。

具体来说,白酒文化不仅体现在饮酒这一个方面,在白酒的设计、酿酒的工艺流程、酒的物化(酒器的使用)等方面都渗透了不同地方和时代的文化偏好。并且白酒所体现的技术与文化之间的关系,不仅仅是一种审美上的偏好,有时还具有伦理方面的内涵,这也是其他传统技术所不具备的独特之处。东汉学者许慎《说文解字》:"酒,就也,所以就人性之善恶……"《庄子·胠箧》中记载了"鲁酒薄而邯郸围"的故事。酒的"薄厚"成了发动一场诸侯战争的由头。随着酿造技术的逐渐成熟,因为酒的清浊而引起战火的事情已经成为历史,然而酿酒技术与地方文化之间的勾连却从未褪去。谢肇淛《五杂俎》卷十一载:"京师有薏酒,用薏苡实酿之。淡而有风致,然不足快酒人之吸也。易州酒胜之,而淡愈甚,不知荆高辈所从游,果此物耶?襄陵甚冽,而潞酒其苦。南和之刁氏,济上之露,东郡之桑落,醴淡不同,渐与甘矣。故众口虽调,声价不振。"白酒的地方性文化属性可见一斑。下文从制曲和酒体两个白酒酿造的关键环节,谈到中国白酒所具备的技术、文化相统一的特质。

## 二、曲蘖制酒及其文化蕴涵

"若作酒醴,尔维曲蘖。"中国是世界上最早发明用曲蘖酿酒的国家。方心芳在《再论我国曲蘖酿酒的起源与发展》一文中,提出了我国传统白酒酿造之法为"曲蘖酿酒",并借坂口谨一郎在《世界的酒》中的论述,提出"东洋酒与西洋酒有着根本的区别,西洋酒用麦芽而东洋酒则用霉菌曲"①。罗志腾在《中国古代人民对酿酒化学的贡献》一文中也说道:"现在世界上酿酒技术可归为三大来源:一为古代埃及的麦芽啤酒生产;二为古代的欧洲葡萄酒酿造;三为我国古代发明的曲蘖酿酒以及发展至今的制曲酿造技术。"②实际上,在中国古代,凡是饱含淀粉的谷物都曾被尝试用来制酒。古代淀粉糖化主要有三种途径:一是将谷物加水加热糊化而促使淀粉分解变成糖分;二是让谷物生芽,谷芽会分泌出糖化酶,促进淀粉分解变成糖分;三是利用某些可分泌糖化酶的霉菌使谷物中的淀粉转化为糖分。晋代学者江统曰:"有饭不尽,委余空桑,郁积成味,久蓄气芳,本出于此,不由奇方。"朱肱《北山酒经》曰:"古语有之,空桑秽饭,酝以稷麦,以成醇醪,酒之始也。"即是对第一种淀粉糖化发酵路径的感性描述(示意图如下)。③然而这种过程由于仅仅经历了糖化过程,而没有酒化过程,因此得到的饮品常常甜味有余而酒味不足,被称为"醪"。《楚辞·渔父》中有"众人皆醉,何不哺其糟而歠其醨"的记载,其中"糟"和"醨"皆是酒滓,说明在曲蘖酿酒的技术不够成熟的古代,喝酒是"连酒糟一块儿

---

① 方心芳.再论我国曲蘖酿酒的起源与发展[M]//中国食品出版社,编.中国酒文化和中国名酒.北京:中国食品出版社,1989:14.

② 罗志腾.中国古代人民对酿酒发酵化学的贡献[J].中山大学学报(自然科学版),1980(01):115-120.

③ 周嘉华.酒铸史钩[M].深圳:海天出版社,2015:16、19.

吃的"[①]。

$$淀粉 \xrightarrow{\text{多种方法}} 糖分$$

**图 3.1 朱肱在《北山酒经》中记录的淀粉糖化示意图**

第二种方法利用谷物发芽制作谷芽酒、啤酒的方法主要流行于中东地区。啤酒的制作是将小麦或大麦的发芽麦粒,磨成面粉,制成生面团,加入酵母后得到啤酒面包经过滤所得。而第三种方法,利用曲蘖酿酒则真正开启了中国谷物酿酒的新篇章。谷物酿酒在上述淀粉转化为糖分后,还需要经历一个糖分转化为乙醇,即酒化的过程(如图 3.2)。两个过程依次进行,后人称之为单式发酵;假若两个过程同时进行,则称之为复式发酵。

$$糖分 \xrightarrow{\text{酵母菌}} 乙醇$$

**图 3.2 一般谷物酿酒的第二个过程:酒化**

西方各国各民族大都是采用先糖化后酒化的单式发酵,而通过酒曲,即一类以谷物为原料的多菌多酶的生物制品,专职繁殖霉菌的培养基的作用,中国自五千多年前就开始实践糖化、酒化同时进行的复式发酵。这样做的好处除了效率高,在糖化、酒化之外,还同时进行蛋白质、脂肪等有机物及无机盐的复杂生化反应,因此酒的内质特别丰富,不仅有醇的口感,而且还有诱人的芳香。[②]

正是由于曲的应用,使得我国的酿酒技术在国际上具有独树一帜的

---

① 吴其昌.甲骨金文中所见殷代农稼情形[M]//张菊生先生七十生辰纪念论文集.北京:商务印书馆,1937:336.

② 周嘉华.酒铸史钩[M].深圳:海天出版社,2015:16-21.

特点。一方面,对"霉菌"的辩证利用离不开自然条件的塑造。有学者认为由于西方常用的粮食作物大麦和小麦表皮比较坚硬,所以很难直接对其进行蒸或煮的操作,需要借用工具将其研磨后食用;同时,由于表皮坚硬的特质,霉菌的繁殖也失去了容易附着的条件。而在东方,稻米、粟米等作为天然的酿酒原料,外壳也比较柔软,即可以直接蒸煮,遇上夏季比较炎热潮湿的气候,真菌自然而然地就会在此处繁衍发酵。[①]

　　另一方面,对于"霉菌"的利用除去天然的自然因素的促进外,也与中华文化中对于"天人合一"的理念有文化的关联。中华文明认为天道与人道统一,人与自然应和谐相处,这种人与自然的连续性与"物我一体观",希望人与宇宙之间建立和谐的连续性,使得被一般人所摒弃的"霉菌"也有了用武之地;另外,中国传统文化中对"确定性"的忽视,与"走中庸、偏爱辩证思维"的思维模式相一致,使得"霉菌""变废为宝",完成了"复式发酵"的耦合。表 3.1 为中西蒸馏酒工艺的对比,从中可以看出中国酿造技术独一无二的特性。中国白酒的原料采用的是高粱、大米为主的谷物,而且发酵方式为独一无二的固态发酵,利用了以霉菌为主的糖化剂,微生物为混合菌种,因此糖化力更高,发酵的过程更加复杂和神秘。可以说,曲的制作和利用是一种技术和文化的双重选择。

表3.1　中西蒸馏酒工艺对比[②]

| | 中国白酒 | 白兰地 | 威士忌 | 伏特加 | 兰姆酒 | 金酒 |
|---|---|---|---|---|---|---|
| 原料 | 以高粱、大米为主的谷物 | 葡萄或其他水果 | 谷物和大麦芽 | 食用酒精 | 甘蔗糖蜜或蔗汁 | 食用酒精、串香杜松子等 |
| 发酵方式 | 固态发酵 | 液态发酵 | 液态发酵 | | 液态发酵 | |
| 糖化剂 | 霉菌为主 | | 淀粉酶 | | | |

[①]　周嘉华.酒铸史钩[M].深圳:海天出版社,2015:108-109.
[②]　转引自周嘉华.酒铸史钩[M].深圳:海天出版社,2015:108-109.

| | 中国白酒 | 白兰地 | 威士忌 | 伏特加 | 兰姆酒 | 金酒 |
|---|---|---|---|---|---|---|
| 发酵剂 | 酵母菌 | 酵母菌 | 酵母菌 | | 酵母菌 | |
| 微生物 | 混合菌种 | 单菌种 | 单菌种 | 单菌种 | 单菌种 | 单菌种 |
| 蒸馏方式 | 固态蒸馏 | 液态蒸馏 | 液态蒸馏 | 液态蒸馏 | 液态蒸馏 | 液态蒸馏 |

## 三、从"浊"到"清"的转变及意义变迁

在漫长的古代社会,中国白酒的审美趣味始终是追求酒度的提升、酒质的清澈。"金樽清酒斗十千,玉盘珍羞直万钱","莫笑农家腊酒浑,丰年留客足鸡豚","清"和"浑(浊)"是形容白酒质量的两个极端。对白酒的酒度和酒质的追求贯穿中国古代酿酒技术的发展历程。[1]而在酒质不高的阶段,中国白酒体现出来的文化特质主要是尊卑有序的等级秩序。《周礼》中记载了"三酒、四饮、五齐"的饮酒礼仪和分类,专门设置"酒正"的官员根据诸侯等级的优劣来分配不同等级的酒类。其中,"三酒"——事酒、昔酒、清酒中,"事酒,有事而饮也;昔酒,无事而饮也;清酒,祭祀之酒"。"四饮"——"一曰清,二曰医,三曰浆,四曰酏"。[2]"五齐"是当时的人们依照发酵醪五个阶段所发生变化的主要特征而将它们分列为五种酒。今天我们看到的"酒"这个字,和甲骨文、钟鼎文里的"酉"字有密切的关系。《礼记·月令》篇中的"大酉",即监督酿酒的官员。从"酉"字的象形字的变迁可以看出古人对做酒经历"五齐"的理解。这些字的下部分代表酿酒的器具,上部分的"♦""Ⅲ"代表黍粒发酵上浮或起泡的样子。[3]

---

① 赵万里,王俊雅.趣味区隔与物质文化的流行——以汾型酒沿"黄金茶路"的扩散为例[J].山东社会科学,2021(2):122-127.

② 陈戍国点校.周礼[M].岳麓书社,1989:13.

③ 袁翰青.酿酒在我国的起源和发展[M]// 袁翰青.中国化学史论文集.北京:生活·读书·新知三联书店,1956:73-100.

图 3.3　甲骨文和钟鼎文"酉"字①

在"浊酒"阶段,技术与文化特质之间的关系还体现在对于"饮酒"行为的理解上。在春秋战国时期,酿酒技术发展尚不成熟,此时,由于人们没有掌握酿酒中的"过滤"技术,因此酒糟和酒醨常常混于酒中,《艺文类聚》卷 72《酒》中有"屈原不哺醩歠醨,取困于楚"的字句。酒度不高,酒还有饱食的功能,在当时粮食有限的背景下,当时的贵族往往习惯于大量饮酒,来彰显自身社会身份的尊贵。记录孔子日常生活的《论语·乡党篇》中说道:"唯酒无量,不及乱",既记录了孔夫子异于常人的酒量,更体现了儒家对于饮酒的态度:"不及乱",意思是不论饮酒多少,都要保持自己清醒的底线,在《论语·子罕》篇中也提到了"不为酒困",可见,孔子对饮酒的态度与儒家思想中对于纲常礼仪的重视一脉相承。《易经·孚卦》中有"鸣鹤在阴,其子和之,我有好爵,吾与尔共靡之"的诗句,《诗经》中也有"显父饯之,清酒百壶……韩侯取妻,汾之王甥"。这些诗句证明酒在敬畏天地等祭祀文化中具有重要的功能。实际上,在儒家思想统治下,饮酒的行为常常是一种仪式的必需,而不是一种自发的饮宴。乡饮之礼是一种集中的体现。乡饮之礼的起源甚古。大体说来,古代凡群众聚会宴饮,不可无一定之礼节,于是便有乡饮酒礼的产生。邓子琴将其概括为六个方面:分别是选举、尊贤、运动(《礼记》所谓"卿大夫之射也,必先行饮酒之礼")、祭祀、敬老和贵爵。②

北宋年间的《北山酒经》总结了隋唐至北宋时期部分地区(主要是江

---

①　转引自袁翰青.酿酒在我国的起源和发展[M]// 袁翰青.中国化学史论文集.北京:生活·读书·新知三联书店,1956:85.

②　邓子琴.中国礼俗学纲要[M].中国文化社,1947.

南)制曲酿酒工艺的经验,并对酿酒过程的原理进行了总结,该书的问世,被视为中国古代黄酒技术(谷物发酵酒)进一步成熟的标志。[1]按照朱肱对于酿酒的理解,酒之所以是酒,是由于它含有甘、辛两味。金(辛)和木(酸)没有直接的联系,通过土(甘)这一媒介把它们联系起来,由酸(木)变甘(土),由甘(土)变辛(金),酒做成了(见图3.4)。土中种植出来的谷物,可以通过水做成酸浆,酸浆又可以促成谷物变成辛味物质,明白这一道理,就可以做酒了。这里的土既表示土地,谷物滋长的地方,又可以表示土地里收获的谷物,所以甘代表甜味物质,辛代表酒味物质,酸即酸浆。[2]周嘉华认为,朱肱对于谷物发酵酒的理解已经非常接近今天现代酿酒理论关于酒精发酵原理的科学解读(见图3.5)。进入元朝,中国发酵酒的酿造基本摆脱了浊酒的困扰,进入了黄酒的阶段。然而与此同时,一种新的酿造技术——蒸馏技术也获得了高速发展,并迅速抢占了北方市场。中国白酒进入了"清酒"阶段。

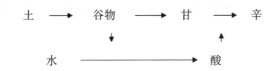

图3.4　朱肱表述的酿酒原理示意图[3]

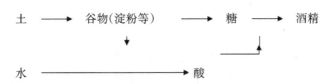

图3.5　现代酿酒理论关于酒精发酵原理示意图[4]

① 周嘉华.酒铸史钩[M].深圳:海天出版社,2015:70.
② 周嘉华.酒铸史钩[M].深圳:海天出版社,2015:82.
③ 转引自周嘉华.酒铸史钩[M].深圳:海天出版社,2015:82.
④ 转引自周嘉华.酒铸史钩[M].深圳:海天出版社,2015:82.

此时,与酿酒技术的成熟相伴随的是,白酒文化意义的变迁。酒的种类逐渐丰富。通过味道能够唤起人们最深层次的回忆。谢肇淛在《五杂俎》中记录了不同酒的各种口感:"京师有薏酒,用薏苡实酿之。淡而有风致,然不足快酒人之吸也。易州酒胜之,而淡愈甚,不知荆高辈所从游,果此物耶?襄陵甚冽,而潞酒其苦。南和之刁氏,济上之露,东郡之桑落,醴淡不同,渐与甘矣。故众口虽调,声价不振。"不同的酒,有的"淡而有风致",有的"甚冽",而有的"苦",还有的"渐与甘"。"酒以气生,应化则变。"强调酒体的"口感"价值,"美""甘""香""烈""浓""醇""清""浊"各有不同,可谓"只可意会,不可言传"①。与酒的酿造技术的成熟、口感丰富相伴随,酒的文化意涵也逐渐丰富起来。在中华文化中,与酒的礼仪、祭祀功用相互补,另一种对于饮酒过后,物我两忘状态的酒德相推崇的思想也逐渐发展起来。竹林七贤之一的刘伶作的《酒德颂》描绘的"大人先生":"以天地为一朝,万期为须臾,日月为扃牖,八荒为庭衢","唯酒是务"②的形象也让人深感豪迈,敬佩之情油然而生,与庄子"醉者神全"的哲学思想一脉相承。

# 第二节　汾型酒的技术特色

中国白酒具有典型的风格特色,与其他世界名酒共同屹立于世界白酒之林。而汾酒酿造既与中国白酒酿造有共同之处:如采用自然制曲、采用复合发酵、采用固态甑桶蒸馏等,同时,又具有区别于酱香型、浓香型、凤香型等其他白酒的独特之处。本节将从汾酒大曲制作和汾酒酿造的各

---

① 刘仁清.中国酒文化的伦理特征[M]//中国食品出版社,编.中国酒文化和中国名酒.北京:中国食品出版社,1989:198.
② 程怡.汉魏六朝诗文赋[M].上海:上海人民出版社,2017:139-140.

个环节入手,从汾酒酿造的内史角度,阐释汾酒酿造的技术特点。

## 一、汾酒的低温曲工艺

酿酒行业的匠人常常将曲誉为"酒之骨",可见酒曲的好坏对于白酒质量的重要性。曲的本质即酒的糖化剂和发酵剂,中国古代适宜酿酒地区湿润的环境给予了曲蘖充分的生长空间,因此曲的利用在古代就已经开始了,在《吕氏春秋·仲冬纪》中就有"曲蘖必时"的规定,指的是对于曲的制作和使用要特别注重时间和时机。山西历史上制曲的记录非常早,北魏贾思勰在《齐民要术》中对位于今山西西南部的"河东神曲"就进行了记载。进入清末民国时期,汾酒大曲的制作工艺逐渐被徐沟县(今清徐县)、晋祠镇(今属太原晋源区)、交城县和文水县等地域所垄断,成为一种家传秘技。[①]新中国成立以来,随着人们对于大曲制作的科学原理认识的逐渐深入,汾酒大曲的制作方式也逐渐清晰化。

### (一)制曲工艺的历史沿革

汾酒制曲工艺的形成具有一个历史发展的过程。古代时期,人们对于何种曲能够实现较强的化学作用处于一种朦胧认知的状态,更多地来自一种经验的总结。贾思勰在《齐民要术》中记载了包括三斛麦曲法(曲饼)、神曲法、秦州春曲法、白醪曲法、河东神曲法、卧曲法等不同的制曲方法。其中对于河东神曲法大加推崇,认为其发酵效力要强于"笨曲"的五倍。

《齐民要术》中有对"河东神曲酒"的记载。此时,由于人们对于制曲工艺的原理尚未搞清,只是停留在一种感性的认识阶段,因此,在制曲过

---

① 《汾酒通志》编纂文员会.汾酒通志·第五卷汾酒工艺[M].北京:中华书局,2015:311.

程中,往往会借助一些"仪式活动"来祈求酿造的顺利进行。《齐民要术》中除却在原料配比、曲房标准、曲房区划等方面进行具体的介绍外,对于制曲的仪式也有一些特别的规定,如提到取水人、制曲人都需为儿童,要穿黑衣;在制曲仪式中,要选配五个"曲王",其中制曲主人为主曲王,不可由客人或奴仆代替。曲王持碗,碗中盛酒、脯、汤饼。主曲王读《祝曲文》:

> 东方青帝土公、青帝威神,南方赤帝土公、赤帝威神,西方白帝土公、白帝威神,北方黑帝土公、黑帝威神,中央皇帝土公、皇帝威神,某年、月、某日、辰,敬启五方五土之神:
>
> 主人某某,谨以七月上辰,造作卖曲数千饼,阡陌纵横,以辨疆界,须建立五王,各布封境。酒、脯之荐,以相祈请,愿垂神力,勤鉴所领:使虫类绝踪,穴虫潜影;衣色锦布,或蔚或炳。杀热火焚,以烈以猛;芳越熏椒,味超和鼎。饮利君子,既醉既逞;惠彼小人,亦恭亦静。敬告再三,格言斯整。神之听之,福应自冥。人愿无违,希从毕永。急急如律令!
>
> 祝三遍,各再拜。礼毕开始制曲。[①]

虽然仪式的过程体现了制曲的"祛魅化"过程尚未完成,但是《祝曲文》中的一些话语体现了对制曲的专业人士,如"使虫类绝踪,穴虫潜影":曲虫在今天制曲过程中仍会出现,是制曲过程中的自然现象;"杀热火焚,以烈以猛;芳越熏椒,味超和鼎":是对制曲过程中,潮火、后火等阶段温度和味道的要求,与今天制曲过程中在曲房中的管理要求如出一辙。

图3.6为西汉至北魏时期河东神曲酒的制作流程,从图中可以看出,此时大曲的制作已经基本具备了今天汾酒大曲制作的雏形,通过挫曲(粉

---

① 任志宏.文化汾酒:中国汾酒人物史[M].北京:中国文史出版社,2019:52-54.

碎)、晒干(温度控制),以及过滤(打散)等过程,实现糖化作用。

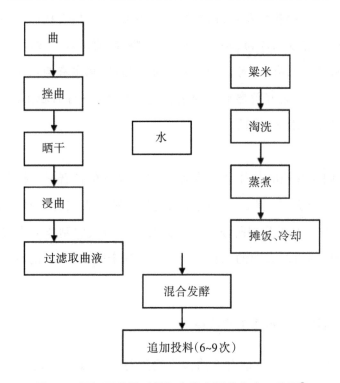

**图 3.6　西汉至魏晋时期河东神曲酒的生产工艺图①**

　　大曲的制作延续了过去对于气候十分重视的传统,六月六,曝衣晒曲成为汾阳人的地方风俗,酿酒工人选择"夏制曲,冬制酒"。同时,大曲制作的原料继续采用大麦和豌豆,以 6∶4 或 7∶3 的比例加以混合。新中国成立初期,大曲制作的技术被少数几个地区所垄断,对于制曲原料的处理、粉碎、加水量、卧曲的温度、湿度调整,曲的贮存,往往只能依靠经验。据制曲工人刘昌录回忆:制曲基本是清徐、祁县、文水、交城一带人所掌握的技艺,1972 年之前都是人工踩曲。

---

①　资料来源:汾酒博物馆。

在东堡人工踩曲的工人大约40人,两班倒,和面子4人一组、两个锅,第一组基本和好,倒在第二组锅里和好,倒在地面上,有两个人装斗子,有9人踩曲,每人踩到9~11脚,踩曲工人体重要求120斤以上,必须是光脚,当时说脚越臭踩得曲越好,踩完有两人穿球鞋平曲,最后有一个老师傅验收曲的质量是否合格,合格的担上进入曲房卧曲,不合格退回重踩。

工人们在踩曲时往往会唱劳动号子"交城话的口音是'呀嘿呀嘿',汾阳人翻斗子时会喊'嘿二嘿三嘿四嘿五嘿',祁县人也有一套口诀"[1]。踩曲过后就进入入房管理阶段。由于此时人们对大曲制作的掌握有限,具有典型特色的汾酒大曲的三种类型的划分尚未完成,大曲的花色较杂,混合使用。[2]

### (二)汾酒大曲制作工艺流程

新中国成立后,各地对大曲微生物进行了大量的研究。其中,20世纪50年代,汾酒厂对大曲的酶活力进行了比较全面的测定,尤其对制曲病害处理作了详细的论述。[3]大曲的研究对于制曲工艺的确定奠定了基础。1964—1965年,国家轻工部对汾酒试点的写实又着重对于低温曲进行测定,恢复了将大曲进行清茬曲、后火曲、红心曲的划分,对于大曲的制作方法也进行了明确的规定。

总的来说,大曲制作分为以下几个步骤:原料粉碎—加水拌和—踩曲—入房排列—晾霉—潮火—大火—后火—养曲—出房—贮曲—成曲(见图3.7)。其中,在入房排列之前的粉碎、拌和和踩曲阶段,现阶段已经

---

① 根据与老工人访谈资料整理。

② 《汾酒通志》编纂文员会.汾酒通志·第五卷汾酒工艺[M].北京:中华书局,2015:311.

③ 李大和,编著.白酒勾兑技术问答[M].北京:中国轻工业出版社,1995:2.

基本实现机械化作业,而在卧曲之后的一系列过程中,则十分考验制曲工人的水平和能力。

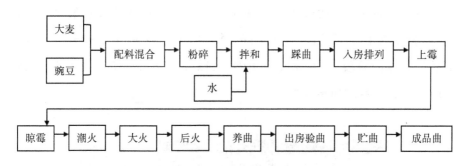

**图 3.7 汾酒大曲生产工艺流程**

汾酒厂《大曲生产操作要领》有这样的文本:

> 各道工序把关口,保质保量完成好。算清底数先弯腰,手把曲块先摇晃。指根紧压曲两边,指梢紧压曲中间,轻拿提稳快转身,看准位置放手稳。轻曲放到两边上,重曲放在行中间,铺平苇秆曲放上,前后对正距离匀。打底数字要算清,卧曲间距要均衡。斜度比以宽相称,曲块小面放齐整。

说的就是在入房之后,对于曲块的处理要经过严密的观察进行翻曲的过程。①卧曲阶段:要用干谷糠铺地,上下三层,中间放置苇秆隔开,排成"品"字形;②上霉阶段:根据季节和气候调整曲室温度,并相隔6~8小时,在曲块上洒一些冷水,用苇席覆盖,再次喷水,使得苇席湿润,渐渐升温,完成缓慢起火,实现上霉;③晾霉阶段:曲胚表面如果上霉良好,揭开苇席,开窗放潮,并适时翻曲,同时调整曲层和曲距离,控制曲胚表面微生物的生长。这段时间要勤翻曲,并增加曲块的层次;④潮火阶段:在晾霉2~3天后,触摸曲胚表面比较干燥,此时要关窗进行起潮火,并注意每日排潮气。将曲块上下里外进行翻倒,加高曲层,抽掉苇秆,由"环墙式"排列改为"人字形"排列。曲胚品温升高至 45~46℃左右,进入大火阶段,此时通过开门窗调整品温,使之维持在该温度;(5)后火阶段:经历上述过程,曲胚逐渐干燥,品温也有所下降,进入后火阶段,曲心也会逐渐干燥;最后进入养曲阶段。①在这几个步骤中,以潮火和后火阶段最为重要,成品曲要达到一定的质量标准。②

图 3.8　潮火阶段,曲块呈"人字形"排列

　　从上述曲块入室后对于温度的特别控制可以看出,清香型酒曲是低温曲的典型代表。后经实验表明,低温曲中酵母菌仅占 5%,而且主要聚集于曲心,同时,曲心中还有较多的汉逊酵母,对产生清香型酒的主体香具有重要的作用。③在整个上霉过程中,品温始终不能高于 50℃。围绕这一温度控制的要求,汾酒大曲的生产工艺特点是"重排列、重热晾、重调整"。在培曲时,要昼夜不息,时刻关注曲的状态和变化,通过翻曲——排

①　李大和,编著.白酒勾兑技术问答[M].北京:中国轻工业出版社,1995:192-227.
②　熊子书.中国名优白酒酿造与研究[M].北京:中国轻工业出版社,1995:98-114.
③　李大和,编著.白酒勾兑技术问答[M].北京:中国轻工业出版社,1995:2.

成"品"字形、"人"字形等不同的层数和造型、开关窗等手段来控制温度，做到"手似一杆秤、眼似一股绳、拿曲知轻重、翻曲如城墙"①。重曲放中间、轻曲放两边。曲块培养结束后，根据曲的颜色、特点分成红心曲、后火曲、清茬曲等几种不同的曲种，分房贮存、晾晒3个月至半年的时间之后方能使用。三种曲对于汾酒质量的影响哪种较为优秀，目前尚无定论。通过写实作业，确定了"分别制曲、混合酿酒"的用曲经验，并且取得了较好的成效。②

## 二、汾酒的酿造技艺

汾酒的酿造过程无疑是得到成品酒最重要、最基础的部分。一般认为，汾酒的生产工艺具有以下五个显著的特征：①采用"清蒸二次清"、地缸固态分离发酵法；②操作上突出一个"清"字，即"清字当头，一清到底"；③汾酒的主体香是乙酸乙酯和乳酸乙酯；④突出汾酒"清""爽""绵""甜""净"的质量典型性。关键突出"清"和"净"；⑤养大楂、挤二楂是汾酒生产的规律性。③其中，第一点和第二点从原粮处理和发酵等生产过程的特征出发强调了汾酒最为典型的品质，即"清"的特质；第三点和第四点分别从科学属性和口感特征体现了对汾酒酿造技术的要求；第五点从汾酒酿造产量、质量的实际出发，对发酵、蒸馏等过程提出了总的原则性要求。下面分别从汾酒酿造流程和口感特性出发，剖析其作为清香型白酒代表的特殊品质。

从粉碎好的高粱运进车间，到原酒从蒸馏器中流出运走，汾酒的整个

---

① 王建耀,霍永健,王广峰.邓同旺的大曲人生[G]//阚秉华,张玉让,主编.汾酒人的故事：第一集.太原：山西人民出版社,2006：84.

② 熊子书.中国名优白酒酿造与研究[M].北京：中国轻工业出版社,1995：98-114.

③ 《汾酒通志》编纂文员会.汾酒通志·第五卷汾酒工艺[M].北京：中华书局,2015：311.

制造过程都在酿造车间完成。经过历史上汾酒技术口授心传的发展及新中国成立以后轻工部等部门对于技术的写实,如今的汾酒酿造已经基本可以按照程序得以顺利完成。一般来说,要经历高温润糁—清蒸糊化—冷散加曲—地缸发酵—出缸拌糠—装甑蒸馏等过程,得到头糙汾酒,得到头糙汾酒后,甑中的材料被取出,再按照一定的指标重复上述过程,得到二糙汾酒,二糙汾酒一般度数和质量较低于头糙汾酒。此时,甑中的材料便被悉数当作酒糟清理,不再使用(见图3.9)。

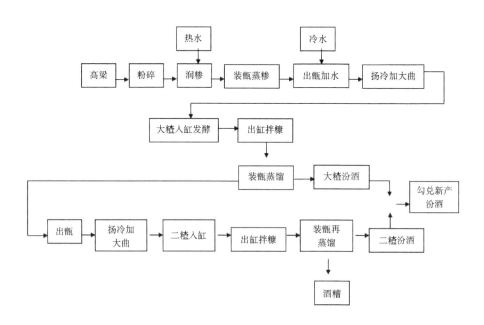

图 3.9　汾酒头糙酒和二糙酒生产流程图示

## (一)高温润糁、清蒸糊化

汾酒酿造以高粱为主要原料。选取当地颗粒饱满,大小均匀,壳少,含淀粉丰富的"一把抓"高粱,经粉碎后进行"高温润糁"和"清蒸糊化"。粉碎后的高粱原料称为红糁,在蒸料前要用热水润料,所以该步骤被称作

"高温润糁"。高温润糁的粮食处理方法与酱香型酒采用堆积工艺的方式、性质有本质上的不同。①

现在的汾酒生产都有严格的数据指标。一般来说,每次投入 1100 公斤的原粮,加入原料重量 55%~62% 的热水,夏季水温为 75℃~80℃,冬季为 80℃~90℃,然后通过"四二合一再倒一"的办法将红糁处理成"润透、不淋浆,无干糁,无异味,无疙瘩,手搓成面"的酿酒原料。所谓"四二合一再倒一",即把和起的糁分成四堆,先合并成两小堆,再合并成一大堆,边倒堆边用扫帚扫尽疙瘩,闷堆 5~10 分钟后再翻动一次,抖尽"胎气"。润糁完成后,要将原料"堆放"18~20 个小时,通过这种方式,使得侵入粮食的菌类能够完全繁殖和发酵,为后续增加酒质的回甜发挥一定的作用。

润糁完成后,要进行清蒸糊化的程序。清蒸时首先把水煮沸,然后用铁锹或簸箕将红糁均匀地撒入甑桶内,待料完气圆后,再泼新鲜冷水 34 公斤以上的"闷头量",促进糊化。蒸粮的时间从装甑完成后,共需 80 分钟左右。高温润糁和清蒸糊化可谓是对原粮的一次"预处理",为后续的发酵和蒸馏提供一个好的材料基础。在这个过程中,在"清蒸"时不能随意加入其他材料(辅料单独清蒸),维持高粱和水充分作用的状态,保证材料的纯粹。红糁蒸煮完成后,要达到"熟而不粘,内无生心"的状态。

### (二)冷散加曲、入缸发酵

糊化后的红糁趁热由甑桶中取出,一边翻动一边加入相当于原料总量 25%~29% 的清水,闷堆 10 分钟,然后经冷散机通风冷却,降至一定温度。冷散过程中,加入总量 9%~10% 的大曲,溜堆形成配好的入缸材料。其中,加水的量和曲的量虽然有一个大致规定的范围,但是需要结合当日红糁材料的情况、天气状况、曲的不同进行综合调控,因此配料的工作虽

---

① 李大和,编著.白酒勾兑技术问答[M].北京:中国轻工业出版社,1995:203.

然看似简单,却是整个酿造过程中最为关键和重要的一步。往往需要小组的班组长亲自完成。加曲完成之后,就进入地缸发酵的环节。

地缸被埋入地下,缸口和地表齐平,间距为10~24厘米。一般来说,1100公斤的投料正好装满8只缸。每次准备入料的缸,首先需用清水洗净,然后用浓度为0.4%的花椒水再冲洗杀菌一次。缸底无余水,撒入适量底曲。再将达到入缸温度的新料倒入发酵缸内,倒满铺平,扫清缸周围地面上的残余材料,再盖上石板,将缸口用新入秕子或谷糠封严,密闭发酵。

长期以来,发酵的过程对于酿酒工人来说,都是一个知识的"黑箱",人们对微生物在缸内的作用都是一种模糊认知的阶段。发酵中,根据不同酵母的作用,在发酵的不同阶段会产生不同的气味。发酵一般要经历28天,在前12天内,如发酵室内地缸还没启盖就散发出苹果香气,就可以鉴定发酵属于正常;而香气小则说明发酵较差。汾酒的发酵属于"前馈式控制",在整个发酵过程中,严格控制开盖检查的次数,以免对发酵过程产生外部影响。因此,发酵工及班组长常常借助发酵室内产生的不同气味及温度计等外部设施判断发酵情况的好坏。有工人在长期实践中总结出"先防、早控、流酒多";"冬季保好温、热季敢保温"等经验;[1]酿造标兵王仓总结了大糙"前缓、中挺、后缓落'保温法'"[2],即发酵的前3~7天,材料的温度要缓慢上升,每天升高1℃~2℃左右,直至28℃~34℃;然后需要保持3~5天;此后温度要缓慢回落,直到出缸时,品温要控制到不低于25℃~26℃。[3](二糙发酵遵循"前猛中挺,品温一保到底"的规律)后来被

---

① 张三宝.热血铸酒魂——追记十大标兵王仓同志[G]//阚秉华,张玉让,主编.汾酒人的故事:第一集.太原:山西人民出版社,2006:43.

② 赵迎路.怀念王仓[G]//阚秉华,张玉让,主编.汾酒人的故事:第一集.太原:山西人民出版社,2006:46.

③《汾酒通志》编纂文员会.汾酒通志·第五卷汾酒工艺[M].北京:中华书局,2015:311.

证实符合高等数学正交回归分析的科学规律。[1]

　　赵迎路曾经对清香型汾酒和浓香型名白酒在发酵环节中所用发酵容器、曲和微生物的不同、发酵期的长短、水分和用曲方式的差异等进行了对比,论证了发酵环节不同的处理方式对于形成不同香型的重要作用(见表3.2)。首先,发酵设备对白酒香型的形成做出了重大贡献:如酱香型白酒采用条石砌壁、黄泥作底,有利于酱香和窖底香物质的形成,而浓香型采用泥窖发酵,利于己酸菌等窖泥功能菌的栖息和繁衍,对"窖香"的形成十分关键。[2]汾酒酿造采用的是地缸发酵,即将酒醅装入陶缸中,然后将陶缸置于地下,并用石板盖好,进行密闭发酵。这种方法在缸内发酵,不接触泥土,是保持酒味纯正而独具一格的重要创举。同时,汾酒厂每年都会在夏季对地缸进行检验,更换陈旧破缸,使得汾酒保持口味的醇正。[3]其次,在对发酵温度的处理上,汾酒特别注重保温,发酵时间较浓香型白酒也较短;对于酒醅的利用上,采用"清楂清醅",最多利用两次,酒醅不反复发酵利用。可以说,发酵环节的处理方式是形成汾酒清香型风格最为重要的一环。

表 3.2　清香型汾酒与浓香型名白酒的发酵容器和不同发酵方式[4]

| | | | 清香型汾酒 | 浓香型名白酒 |
|---|---|---|---|---|
| 1 | 主体香型成分 | | 乙酸乙酯,乳酸乙酯 | 己酸乙酯,乙酸乙酯 |
| 2 | 发酵容器 | 外形 | 近似圆台形陶制缸 | 长方形泥窖池 |
| | | 容积 | 0.35—0.4m³/个 | 7—10m³/个 |

　　[1]　好曲是用心培制出来的——记培曲技师鄂士华[G]// 阚秉华,张玉让,主编.汾酒人的故事:第一集.太原:山西人民出版社,2006:314.
　　[2]　李大和,主编.白酒酿造培训教程:白酒酿造工、酿酒师、品酒师[M].北京:中国轻工业出版社,2013.
　　[3]　赵迎路.浅谈发酵缸对汾酒发酵的影响[J].酿酒科技,1988(02):2-5.
　　[4]　转引自赵迎路.浅谈发酵缸对汾酒发酵的影响[J].酿酒科技,1988(02):2-5.

| | | | 清香型汾酒 | 浓香型名白酒 |
|---|---|---|---|---|
| | | 渗透 | 有无数砂眼缓慢渗透扩散,断面是微生物栖息之所 | 泥土直接接触酒醅,泥土中有大量微生物繁衍 |
| | | 新 | 酒质好,清香醇正 | 酒质差,香短味差淡薄 |
| | | 旧 | 缸龄越老,酒质越差,邪杂味越重 | 窖龄越老酒质越好,香浓味长,有三百年老窖之誉 |
| | | 处理 | 十分注意卫生,清水刷净,花椒水洗刷一遍方可入料 | 十分保护窖泥,加曲,加黄水加氮加低度酒,培养细菌医治老窖 |
| 3 | 曲及微生物 | | 大麦、豌豆为原料,中温曲,酵母生香为主,细菌生香为辅 | 小麦为原料,高温曲,细菌生香为主,酵母生香为辅 |
| 4 | 发酵期 | | 发酵期28天左右,超过两个月清香味不正 | 发酵期超过30天,双轮底多轮次发酵,发酵期短酒质差 |
| 5 | 糟水 | | 二𥟥发酵缸底糟水呈酸味 | 黄水回窖发酵,人工培窖防止窖老化 |
| 6 | 入温与保温 | | 入温稍低,8~16℃(大𥟥),十分注意保温 | 入温稍高,11℃~23℃泥土封窖,冬季稻草保温 |
| 7 | 入池水分 | | 大𥟥52%~54%,二𥟥59%~61% | 54%~57% |
| 8 | 底曲 | | 只在缸底加一点,一般不加少加 | 窖底窖壁撒曲粉撒酒尾 |
| 9 | 𥟥别 | | 清𥟥清醅清蒸清烧二次清 | 续𥟥混蒸混烧多次清 |

## (三)出缸拌糠、装甑蒸馏

经过 28 天的发酵,原料在地缸中被微生物充分作用,转化的质量达到要求,缸中发酵好的物质被称为酒醅。酒醅挖出,运至糟场,加入辅料谷糠,进行蒸馏。加入谷糠的作用是使酒醅在蒸馏中充分受热,提高出酒率,保证酒质,还可以吸收酒醅中的多余水分,有利于第二次发酵。辅料谷糠用量大𥟥占总量的 70%,大𥟥占 30%,稻壳全部用在大𥟥上。

搅拌好后,用竹或藤编的簸箕将酒醅轻撒薄铺,装入甑内,进行蒸馏。酿酒工人常说:"生香靠发酵,提香靠蒸馏。"在 1952 年以前,汾酒的蒸馏设备主要由底锅、甑桶和锡整三部分组成。在底锅内置入一定量的水,直接用火来加热进行蒸酒,可将摘取的酒尾回入底锅,以便复蒸为成品酒。①此时,甑桶每甑只可蒸粮 225 公斤,可产酒 150 公斤左右。20 世纪六七十年代,国家工业进行了机械化的改造,汾酒酿造所用的甑桶扩大为 550 公斤的大甑桶,并改用蒸汽蒸馏。1977 年以后,设备进一步升级,改装为可吊到一定位置后开启桶底出料的活甑桶,大大减轻了酒工的劳动强度。

蒸馏是汾酒酿造的最后工序,与出酒率及酒质的好坏关系密切。有经验的工匠认为:"一要把酒作出来,二要把酒拿出来。"蒸馏的过程实际上就是要把发酵生成物最大限度地通过蒸馏提取回收。通过酒醅蒸馏的过程,酒精和香味物质被提取出来,蒸入一定量的水、混进一些微量物质,同时也把一些固形物和高沸点的物质等酒糟排出。实际上,白酒蒸馏设备的好坏并不是蒸馏的关键,而装甑的操作技术是否标准和到位对出酒率和酒质影响很大。②因此,酒工装甑的动作有严格的规训,一般在酒班上待够 5 年以上,才能进行装甑的操作。装甑工也被称为酒班的二师傅。总体上说,装甑的要求为"轻、松、薄、匀、缓",见汽撒料,使得酒醅能够"整个平面一起发酵",如果在装的过程中,力度掌握不当或者撒料太急、太多,就会产生"疙瘩",造成出酒率的降低和酒质的下降。因此,一名好的装甑工和普通装甑工一次蒸酒下来产量竟能相差几公斤甚至十几公斤不等。另外,汾酒的蒸馏过程遵循"两干一湿、两小一大、缓火蒸馏、大气追尾、掐头去尾"的办法,贯彻对于"养大糙、挤二糙"的总体要求。所谓"两干一湿""两小一大"实际上说的是同一个道理,指的是在装甑的过程中,在开始和快结束的时候将蒸汽阀门开小,防止材料过早蒸馏或蒸馏过

---

① 熊子书.中国名优白酒酿造与研究[M].北京:中国轻工业出版社,1995:98-114.
② 周恒刚,编著.白酒生产工艺学[M].北京:轻工业出版社,1982:180.

度。"缓火蒸馏、大气追尾"是对材料蒸馏的总体要求,要循序渐进、不疾不徐,在最后关头使得材料充分作用。而"掐头去尾"则是对原酒流出后的要求:蒸汽冷却后所得液体,随接酒管流出,要掐去酒头、截去酒尾,所得液体才能作为汾酒的原酒。

蒸汽冷却后所得液体,随接酒管流出,经掐去酒头、截去酒尾,中段流出的液体叫作头糙汾酒,最初在 80%vol 以上,后来酒度逐渐下降至 48%vol 左右,截到的原酒平均在 67%vol 以上。蒸馏出酒的酒醅,再加入大曲,同头糙汾酒酿造工艺基本一样,回缸发酵 28 天,再出缸蒸馏截到的酒是二糙汾酒。平均酒度为 65%vol 左右。二糙出酒后再余下的酒醅即为酒糟,可以直接作为饲料或者进行饲料深加工出售。

从以上汾酒生产工艺的环节可以看出,汾酒酿造中,特别注意对于"清"的追求,不论是最初在处理原粮时的粮食和辅料分开清蒸,还是地缸发酵时不与外界泥土接触,抑或是最后蒸馏阶段两次蒸馏结束后将酒醅丢弃,对于"清"的追求始终伴随着生产的各个环节。酒的面世最后需要消费者来进行品评。对于生产环节的要求直接体现在酒的口感的呈现上,清香风格逐渐成为汾酒的代名词,被消费者接受和喜爱。

## 三、汾酒的贮存和勾兑

上述酿造环节结束后,酿酒工人将桶装的原酒输送至贮配车间,由该车间负责收酒(根据原酒的质量和产量进行分级)和并酒(将不同级别的酒分级,并把同级兑在一起),贮酒(将酒在不锈钢罐中暂时贮存),老熟处理(送往除浊处理工序进行深加工),以及陶缸贮存(半成品酒通过专用管道进入传统酒库的陶缸进行贮存)。在这些步骤当中,收酒、并酒和贮酒只是一个周转原酒的过程,而其后送往除浊处理工序进行深加工则是白酒企业的核心技术之一。①主要通过人工技术加速原酒陈化,以达到缩短贮存时间,提高贮存效果的目的。同时进行勾兑,降低度数。这一步骤是汾酒现代化量产背景下的必然举措。随后,汾酒半成品酒通过专用管道进入传统酒库的陶缸进行贮存。酒库为二至四层的楼房,此楼外墙比一般建筑要厚,酒库内要达到冬暖夏凉的要求。据贮酒厂的酒工介绍,贮酒厂每层有不同的温度要求,一层18℃,二层26℃,三层32℃左右。陶缸贮存也是名白酒区别于普通白酒的一个重要特点。贮存的过程同时也是一个"养酒"的过程。

勾兑的过程是汾酒面世之前的关键一步。所谓勾兑,即将不同季节、班次、生产的白酒,分别按照不同特点的质量和风格要求相互掺混,取长补短,协调平衡,以保证产品质量的稳定,达到统一出厂的质量标准,以突出产品风格。汾酒的勾兑工艺流程主要经过如下步骤:"入库酒—品评分析—加浆—贮存—小样勾兑—品评—大样勾兑—品评—精滤—送成装车间。"其中,要经历三次品评的过程。第一次品评是对原酒进行分级的过程(将原酒分为特优、优级、一级、二级),这次评级不仅是后续勾兑的基础,也为酿造车间的激励机制提供数据支持;第二次品评是对小样勾兑的检测,比如测试这次勾兑的酒适合作"青花酒"还是"特汾酒"等;最后则是成装之前质量的检验。评酒工作主要由两个部门负责:一是汾酒厂的质检部门,另一个是勾调部门,主要负责对汾酒基酒的组合。

一方面,原酒的好坏对于后续的勾兑、老熟环节具有基础性作用。将汾酒酿造车间的生产工作比喻为"生孩子",而将贮配的过程形容为"给姑娘化妆"。姑娘的打扮和汾酒的贮配看似毫无瓜葛,然而却有一个共同之处:都是对原酒进行处理,以面市销售。

另一方面,一个好的勾兑师往往能够使原酒焕然一新,产生新的口

---

① 《汾酒通志》编纂文员会.汾酒通志·第五卷汾酒工艺[M].北京:中华书局,2015:311.

感。酿造车间生产的原酒根据"绵、甜、爽、净"等不同的风格进行评分和优劣的划分,然而即便是特级酒有时也因为各种原因不能直接饮用,要与其他酒相混合。勾兑除了进行酒度的调整,更重要的是要进行风味的调和。因此,原酒在勾兑人眼里"没有好坏之分""一级酒也能成为好酒"。汾酒的勾兑主要是"酒勾酒",较少采用调香、调味的东西进行"外科手术"式的勾兑。这样一来,更能保证酒内自然发酵物质的纯粹。

## 四、汾酒的口感特质

汾酒的"清香型"风格不仅体现在酿造工艺上,从口感特征上也可见一斑。历史上,不少擅长饮酒的文人墨客对各种酒类做过感性的评价。人们用一些口感的特征对不同的酒类进行区分。如袁枚《随园食单》:"既吃烧酒,以狠为佳。汾酒乃烧酒之至狠者。"用"狠"来形容汾酒的高度数给人带来的味觉刺激;纪念老白汾国际获奖的碑文《申明亭酒泉记》记载:"近卜山之麓,有井泉焉。其味如醴,河东'桑落'不足比其甘馨;禄俗'梨春'不足方其清冽。"[1]用"甘馨""清冽"来形容汾酒的口感。

实验发现,白酒的风味主要是由有机酸、酯类、高级醇、醛类和其他香味物质根据不同的种类和含量组合而成。而汾酒的"清香"也是由上述这些香味物质所构成。乙醛可以产生汾酒酒头的风味;汾酒的酯类以醋酸乙酯的苹果香为主;而高级酸的酯在汾酒中含量极微。如果在汾酒中加极少量的高级酸酯,就可以使汾酒的风格大为改变,这种现象被称为"跳格"。因此,汾酒酿造技艺多年来基本上延续传统,很少发生一些大的变革。[2]1964年轻工部在汾酒厂试点期间,确定了汾酒的香型为乙酸乙酯

---

① 刘锡仁,王希良,主编;《汾阳县志》编纂委员会,编.汾阳县志:第12卷汾酒[M].北京:海潮出版社,1998:336.

② 熊子书.中国名优白酒酿造与研究[M].北京:中国轻工业出版社,1995:98-114.

和乳酸乙酯,并采用国际上一些通行的概念,结合我国传统白酒的情况,将感官尝评指标划分为色、香、味和风格四个范畴,初次确立了"汾酒品质尝评法"(初稿),[1]由此汾酒的风格进一步确立,并具有了科学的评鉴依据。

对白酒的品评需要依靠人的感官进行,主要原因在于虽然白酒中的酸、酯、醇及羰基化合物起着呈香呈味作用,然而各种香味的界限值强度却不尽相同。所谓香味界限值是指酒中某种微量成分,以刺激味蕾,为人们所感觉到的最低浓度的数值,称为滋味阈值或香味界限值。因此,有些酒类的香气成分如果在人类能够感知的阈值以下发生浓度变化,不管变化有多大,感官品评时都不会有明显的反应。而有些芳香成分,虽然在酒里含量较高,但由于它的阈值较大,它在整个酒香中也不能发挥出明显的作用。反之,某种香气成分的阈值较小,而在酒中的含量又较高时,这种香气的气味强度就高,它对酒的香味影响作用就大。[2]酒的香气主体成分,大部分是酯类物质。不同的酯阈值也不尽相同,由此出现了各种风格香型的白酒。而白酒中的酸类中,乙酸的阈值较小,对酒的主体主要起衬托作用;而羰基化合物的乙醛、双乙酰的阈值低于它们在酒中的浓度,因此,对酒的风味也有较大的影响。

为打破"香气浓者占优势"的评酒偏好,在1979年第三届评酒会上,开始实行分香型评比。评分办法按色(占10分)、香(占25分)、味(占50分)、风格(占15分)四项叫项计分。在这次评酒会上,确定了四种香型白酒的风格特点,统一了评分标准。[3]其中,对清香型白酒评选标准感官指标要求及感官品评记分方法如下(见表3.3)。

---

① 熊子书.中国名优白酒酿造与研究[M].北京:中国轻工业出版社,1995:98-114.

② 李大和,编著.白酒勾兑技术问答[M].北京:中国轻工业出版社,1995:81.

③ 李大和,编著.白酒勾兑技术问答[M].北京:中国轻工业出版社,1995:20-46.

表3.3 清香型白酒评选标准:感官指标要求①

| 项目 | 感官指标要求 |
| --- | --- |
| 色泽 | 无色、清亮、透明、无沉淀和悬浮物 |
| 香气 | 清香纯正。具有乙酸乙酯为主体的清雅、协调的香气,不应有浓香、酱香及其他异香和邪杂气味 |
| 口味 | 口感柔和。绵甜爽净、自然协调、饮后有余香,口味较悠长,不应有其他邪杂味 |
| 风格 | 在清香纯正,酒体爽净的基础,突出清、爽、绵、甜、净的典型风格 |

  第三届评酒会分香型评比后,第四届、第五届全国都按香型分组,又陆续确立了许多白酒香型。尤其是1988年第五届评酒会召开之后,分香型评比滥觞,这次评选选出17种名酒,白酒的香型层出不穷。但是以"浓香、酱香、清香"为主的三大基本香型基本上是作为其他香型的母体而存在,几届的评酒会获得金奖的也基本上以"三大香型"为主。②在三大香型中,与浓香型白酒"窖香浓郁、香味协调、回味悠长"的特征及酱香型白酒"闻香幽雅、空杯留香、入口醇甜绵柔"的风格所不同,汾酒的风格特质鲜明,其被界定为:无色、清亮透明、具有乙酸乙酯为主的谐调复合香气,清香纯正,入口微甜,香味悠长,落口干爽、微有苦味。③可以说,清香型汾酒"无邪杂气味"和"干爽"的口感特征的形成与其"地缸发酵""清蒸二次清、一清到底"的酿造工艺不无关联。

---

① 转引自丛予,编著.评酒知识[M].北京:中国商业出版社,1984:50.
② 李大和.白酒酿造与技术创新[M].北京:中国轻工业出版社,2017:6-7.
③ 李大和.白酒酿造与技术创新[M].北京:中国轻工业出版社,2017:348、350、356.

# 第三节　汾型酒的文化趣味

人们对于技术发展的需求首先来自物质方面的需要。在公元前一千年左右的古希腊人荷马,在其著作《奥德赛》中讲道:"应当让老人洗温水浴,好好睡觉,吃好的食物与喝好酒。"①然而何为"好酒"? 虽然中国古代白酒具有一般性意义,然而地方文化的加持又使得不同地区的白酒具有不同的色彩。西敏司认为"对甜味的偏好"是一种"人类普世"的力量。②因此,她所研究的"甘蔗"的压榨并不具备本书讨论的技术文化风格的特质。汾酒技术特色的形成不是一蹴而就的。对于汾酒来说,"醉"的感觉也不是其风格的核心要义。其技术文化风格特质的形成最初来自地方性文化的塑造。

## 一、清澈透明、清香纯净

酿造技术和酿造品味共同构成了白酒最典型的特征。而汾酒最为典型的特征之一可谓"清"。汾酒工艺上采用"清蒸二次清"的方法进行酿造。所谓"清蒸",就是每投入一批酒醅的原料(高粱)就要单独清蒸糊化一次。所谓"二次清",是清蒸糊化的高粱经过发酵二次、蒸馏出酒二次,(第一次蒸馏后的酒醅不再配入新料,只加曲进行第二次发酵),即作为酒糟处理,彻底清理后,重新投入一批新料,进行清蒸酿酒。原料和酒醅都

---

① 郑永久.中医补酒的历史和酒对健康的利弊[[M]//中国食品出版社,编.中国酒文化和中国名酒.北京:中国食品出版社,1989:252.

② [美]西敏司.甜与权力:糖在近代历史上的地位[M].朱健刚,王超,译.北京:商务印书馆,2010:10.

是单独清蒸。这是汾酒与混蒸续楂工艺的显著不同。一套技术的形成，不仅受到物质文化本身性质的影响，还受到地方文化传统、产业生态、信念、价值等多重因素的影响。汾酒的发展，正是通过与地方性文化相结合，具备了自身的技术文化风格。

实际上，在蒸馏技术被引进之前，山西人对"清"的追求就从未止步。上文提到，"汾清"在史书上的出现被列为汾酒的"四次高光时刻"之首。虽然汾清酒的酿造之法与今天的汾酒相差甚远，然而"汾清"一词却表达了对于白酒的审美诉求。《北齐书·文襄六王传》云："河南康舒王孝瑜，字正德，文襄公长子也。初封河南郡公，齐受禅，进爵为王。历位中书令、司州牧。初，孝瑜养于神武宫中，与武成（高湛）同年相爱。将诛杨愔等，孝瑜预其谋。及武成即位，礼遇特隆。帝在晋阳，手敕之曰：'吾饮汾清二杯，劝汝于邺城两杯'其亲爱如此。"[①]北齐的都城邺位于今河南安阳北，晋阳位于今山西太原地区，虽不是都城，然而晋阳被称作"别都"，也是重要之地。古代山西位于富庶的中原地区，地势平坦、较少战乱，为酿酒提供了良好的社会条件。虽然北齐时所饮之宫中御宴带有一个"汾"字，然而该字只是意指生产之地位于山西境内的汾河之滨。"汾"在字典上有两个含义，一是指汾河这条专属河流，是黄河的一条分支；二是"大"的意思。在此处，应该指的是第一条含义。而"汾清"一词中"清"的含义则蕴含了该酒的品质特征。所谓"酒有清浊，味有薄厚"，汾清的"清"字，体现出在北齐时期，山西的酿酒技术已经得到时人的肯定。

如果以今人的眼光，对"汾清"进行酒类的划分，那么此时的"汾清"酒应当分属"谷物发酵酒"的类型。汾清的得名来自酒质的"清澈"，其成名与大曲的改进不无关系。北魏的《齐民要术》中有着对山西河东地区（今山西西南部）河东神曲酒的记载。其中"河东神曲方"的制作方法如下：

---

① ［唐］李百药.北齐书:卷十一:46.

　　七月初,治麦七日作曲,七日未得作者,七月廿日前亦得。麦一石者,六斗炒,三斗蒸,一斗生,细磨之。桑叶五分,苍耳一分,艾一分,茱萸一分,若无茱萸,野蓼亦得用,合煮取汁,令如酒色,沥去滓,待冷,以和曲,勿令太泽,捣千杵,并如凡曲,方范作之。

　　一般来说,"冬制酒,夏制曲"。因此,在河东神曲方中,记录了制曲的时间是"七月初"。由于古代酒和医的关系比较密切,酒度低,酿酒时常常添加一些药材或香料作辅助。因此,河东神曲的制作以麦子为原料,采用炒、蒸、磨等几道工序后,加入桑叶、苍耳等药性成分,增强麦曲的发酵能力。一般来说,"神曲"与"笨曲"相对,指的是糖化能力比较强的曲。河东神曲的糖化发酵力极强,几乎是普通笨曲的五倍,同时在用曲时通过浸曲法的使用,发酵速度又得以提升。在具体操作中,通过加入少量的水,以及一定比例加大用曲量和保持陶瓮泥封的状态来提升酒精度。

　　掌握了河东神曲的山西酒继续改进技术,在唐朝时期,又进一步掌握了"干和"(也作乾和)的技术,以河东神曲为糖化发酵剂,两者配合默契,唐代诗人张籍:"酿酒爱干和"。宋代窦苹《酒谱》:"今人不入水酒也,并、汾间以为贵品,名之曰干酢酒。"山西酒的名声进一步在全国打响。所谓"干和",即"干料搅拌",就是酿酒时在拌料途中尽量减少用水量,并且改用固态酒醅来发酵、保持酒醅的状态不松散。由此可见干和酒的称谓来自一项酿酒技术的进步,这一技术就是对用水量的控制,用现代的术语来说即掌握了浓醪发酵。①朱肱在《北山酒经》中对干和酒也有介绍:

　　晋人谓之干榨酒,大抵用水随其汤黍之大小斟酌之。若殁多水宽,亦不妨,要之米力胜于曲,曲力胜于水,即善矣。

--------

① 周嘉华.酒铸史钩[M].深圳:海天出版社,2015:209.

说明干和酒制作的关键在于对用水量的控制。①具体来说,采用了"双蒸法"的工艺:在第一次糖化浸泡数十天后,压榨取得第一次酒液后,再加酒醅,经过蒸制、冷却、加曲等程序,进行第二次糖化。然后将第一次得到的酒液与第二次糖化醅相混合,再次入缸密封,经过陈酿、压榨、过滤等工序制成。②需要说明的是,此时的汾州干和酒虽然酒度有所提升,然而在蒸馏技术引进之前,仍然属于"黄酒"的范畴,也并非我们今天饮用的作为"烧酒"的汾酒。

在蒸馏技术引进之后,汾酒"清"的特质则主要来源于汾酒商人对于"义利为先"的坚持。今天汾酒酿造的关键技术"较长的发酵期"和"清蒸二次清"都是需要付出极大的成本。方心芳在《汾酒酿造情形报告》中就提到了这点:

> 我国高粱酒之酿造法,盖分两种,续糟与清糟是也。前者盛行于东三省及冀鲁,后者则应用于山陕。续糟法之高粱能出酒二次以上,且因加生高粱之故,省却或不用砻糠之加入,于经济上较为合算,清糟法地盘逐渐被其侵占,冀东部已泰半改用续糟法,但汾阳为保其名誉计,仍不改换。杨子九③先生谓掺加生高粱蒸酒,酒味必改,自是道理。④

据徐珂《清稗类钞·工艺类》载:

> 汾酒之制造法与它酒不同,它酒原料下缸,七、八日之酝酿,一次

---

① 王文清.汾酒源流:麴水清香[M].太原:山西经济出版社,2017:64.
② 屈建龙,赵树义,陈刘锋,等.汾酒时刻[M].太原:北岳文艺出版社,2015:87.
③ 杨子九即杨得龄,义泉泳总经理。
④ 方心芳.汾酒酿造情形报告[M]//《汾酒通志》编纂文员会.汾酒通志:第13卷论文选读.
北京:中华书局,2015:1194.

过净,酒糟齐出矣。汾酒酝酿最缓,原料下缸后须经四次,历月余,始能完全排出。且其性最易发挥,存积稍久,则变色减秤,暗耗不资。①

正是因为山西商人"为保名誉"、不考虑经济上的利益,才使得清楂法的汾酒得以流传下来,成为清香型白酒的代表。

## 二、味道醇厚、淡雅悠远

有学者形容汾酒带有典型的"山西性格":"其润也慢,其入也深,其力也绵,其性也仁。"②在酿造方法上,民国时期杨得龄依照历史上白酒酿造"六必"的经验,制定了"人必得其精,水必得其甘,曲必得其时,粮必得其实,器必得其洁,缸必得其湿,火必得其缓"的规定,其中"缓"是对于发酵的规定。这一规定在现在被继续沿用,并发展为具体的步骤:被工人总结为"前缓、中挺、后缓落"的发酵保温法;在蒸馏时,也要"缓火蒸馏",确保酒糁被充分作用,酒味得以挥发。这种特质的形成一部分来自地方文化的形塑。

在《汾酒通志》中,记载了酒在山西汾阳某次祈雨活动的"出场"。

在 1877 年(清光绪三年),汾阳东南乡西官村曾举办过一次大规模的祈雨活动。祈雨时,在大殿前的卷棚内供泥塑龙王像。由村中社首主持,率领村中耆老列队于前排,全村男性村民依次排列。置供品、香烛、酒等,还备有两个可盛 30 斤的黑陶制的大酒罐,以备龙王东海取水时用。供品的数量规格没有固定讲究,但是酒却必不可少。

---

① 张正明.山西工商业史拾掇[M].太原:山西人民出版社,1987:160.
② 孔庆东.四论汾酒[G]//任志宏.名人论汾酒.北京:中国文史出版社,2018:166.

除祭祀敬神供神灵享用外,参与者也饮用一些。

在这段不长的记述中,介绍了清朝年间的祈雨活动。其中详细说明了用于"龙王取水"的酒罐的斤数、酒器的质地,并且强调了作为祈雨主角的酒——"必不可少"。这则记录让我们看到了在历史上,酒在当地社会中的重要角色。随着酿酒技术的成熟,酒的出场场合逐渐变得丰富起来,汾阳当地盛行契约文化。凡事不论大小都会举行一场契约仪式。流行在晋中一带专门教人如何立契签约的《约卷一本》,记载了包括过房约、种地约、分家约、租地约等契约的种类。[1]契约文化催生了宴请礼仪,每逢宴请之时,酒桌上的汾酒是必不可少的"主角"。正是地方契约文化对汾酒的功用进行了形塑,间接塑造了其"味道醇厚、性强不烈"的技术特色。

另外,汾酒"醇厚"的口感也是其得以流行的重要因素之一。实际上,历史上有名的山西酒很多。宋朝时期,由于酒政的放开,一时间羊羔酒、桑落酒、襄陵酒等百花齐放(见表3.4)。

表3.4　不同朝代山西名酒[2]

| 朝代 | 山西名酒 | 出产地 | 所出典籍 | 所属类型 |
|---|---|---|---|---|
| 北齐 | 汾清酒 | 汾州 | 《北齐书》 | 谷物发酵酒 |
| 唐 | 干和酒<br>葡萄酒 | 汾州<br>河东 | 朱肱《北山酒经》<br>李肇《唐国史补》 | 谷物发酵酒<br>葡萄酒 |
| 宋 | 干和酒<br>羊羔酒<br>桑落酒<br>襄陵酒<br>蒲州酒<br>太原酒<br>珍珠红 | 汾州<br>汾州<br>河东<br>平阳<br>蒲州<br>太原<br>潞州 | 窦苹《酒谱》<br>张能臣《酒名记》<br>宋伯仁《酒小史》 | 谷物发酵酒<br>露酒<br>谷物发酵酒<br>谷物发酵酒<br>谷物发酵酒<br>谷物发酵酒<br>露酒 |

---

① 殷俊玲.晋商与晋中社会[M].北京:人民出版社,2006:63.
② 表格部分参考王文清.汾酒源流:麵水清香[M].太原:山西经济出版社,2017,前言页。所属类型为笔者总结。表格中加粗内容表示汾酒在历史不同时期的统称或曾用名。

| 朝代 | 山西名酒 | 出产地 | 所出典籍 | 所属类型 |
|---|---|---|---|---|
| 元 | 葡萄酒<br>羊羔酒<br>干和酒 | 太原<br>汾州<br>汾州 | 宋伯仁《酒小史》 | 葡萄酒<br>露酒<br>谷物发酵酒 |
| 明 | 干和酒<br>羊羔酒<br>潞酒 | 汾阳<br>孝义<br>长治 | 王世英《酒品》 | 谷物发酵酒<br>露酒<br>谷物发酵酒 |
| 清 | 汾酒<br>羊羔酒<br>玉露<br>豆酒<br>火酒<br>潞酒 | 汾阳<br>汾州<br>汾州<br>汾州<br>汾州<br>长治 | 《汾阳县志》<br>袁枚《随园食单》<br>李汝珍《镜花缘》<br>梁绍壬《两般秋雨庵笔记》 | 蒸馏酒<br>露酒<br>蒸馏酒<br>谷物发酵酒<br>蒸馏酒<br>蒸馏酒 |

然而如今,众多山西名酒中只有山西汾酒仍然屹立在历史舞台。其中,正是对于白酒"醇厚""性强不烈"的特质符合了人们的审美追求。与汾酒相对,河东桑落酒由于浓烈的口感,不符合人们对于白酒品质的定位,而只在历史上取得了短暂的辉煌。据记载,桑落酒"色白、鲜旨殊甚,味宛转舌端,不穷以甘,有银瓶初泻,玉生香之誉"并且特点十分鲜明:香气四溢、味道醇美同时具有易醉难醒的特质。北魏人杨炫之《洛阳伽蓝记》卷四也记载了刘白堕酿酒的传说:

市西有退酤、治殇二里,里内之人,多酝酒为业。河东人刘白堕,善能酿酒。季夏六月,时暑赫晞,以瓮贮酒,曝于日中。经一旬,其酒味不动,饮之香美而醉,经月不醒。并且详细记述了关于该酒的一个故事:"京师朝贵,出郡登藩,远相饷馈,逾于千里。以其远至,号曰'鹤觞',亦名'骑驴酒'。永熙年中,南青州刺史毛鸿宾斋酒之蕃,逢路贼,盗饮之即醉,皆被擒获,因复名'擒奸酒'。游侠语曰:'不畏张弓拔刀,唯畏白堕春醪。'"

自北魏、隋、唐、宋以至明代的统治者,都很重视桑落酒。[①]然而桑落酒始于公元 5 世纪,终于 17 世纪,生产了一千二百多年就失传了。该酒的特质与中华文化中用来祭祀、成礼的道德编码的功能不相适应,这就给了"入口协调、适口,落口干净,有余香"的汾酒延续下来的新的空间。

## 三、得造花香、道法自然

汾酒酿造特别强调对于原生环境的利用,尤其是关于酿造所用最重要的原料——泉水的利用尤为重视。明末清初爱国诗人傅山曾在杏花村题书"得造花香",用来形容杏花村得天独厚的自然环境之优越。在这样的环境中酿造出来的酒,具有像花一样的芳香之气。

自古以来,汾酒的酿造都特别强调对于酿造环境的重视。关于汾酒酿造所用的申明亭古井,还流传着"水井变酒井"的传说:

> 相传,申明亭下的古井,是汾酒最早的源泉。该井最初由一家酿酒作坊所开凿。一年寒冬,八洞仙家之一的铁拐李路过杏花村,被酒香吸引,便化作老道循香而来。酒坊的老东家将"翁头清"并"莲花豆"一起奉上宴请;第二天上午,老道又来了,老东家依旧款待;第三天老道再次不请自来,并在临走时向东家要了一葫芦酒,随后将葫芦盖打开,将酒全部倒进井中。此后,这家的水井便成了酒井。[②]

由此可见,申明亭对于汾酒酿造者来说,已经从一种资源的提供者,发展为一种"道法自然"的寓言。"道法自然"既是对自然的敬畏,也是一种

---

① 衡翼汤,主编.山西轻工业志[M].北京:中国轻工业出版社,1991:62.
② 刘瑞祥.当代聊斋志异:中国古汾州民间传说集[M].太原:北岳文艺出版社,2011.

尊重自然、尊重规律的文化选择。七·七事变后，太原失陷，日本人逼杨得龄交出酿酒配方，杨得龄回应："我可以帮你们酿酒，技术也可以传给你们，但汾酒这东西只能用汾阳水酿，其他地方的水是酿不出来的。"①实际上，申明亭的泉水确实为汾酒酿造提供了绝佳的原料供应。清代诗人孙尔准留有诗作《饮芸昉中丞杏花村酒赋谢》："杏花村枕汾水滨，村中风气含古春。春光骀荡何所著，散入汾酒清而醇。"②清代学者曹树谷也提到杏花村的"申明亭井水绝佳，以之酿酒，斤两独重"。

除此之外，汾酒酿造技术的发展，一直都是沿着与天地相统一、顺从自然规律的方向发展。自古以来，汾阳地区就河系发达、林木繁茂。同时，山西的地形特征表里山河，被东面的太行山和西面的吕梁山相隔绝，自然灾害较少，在这样的情况下，出现剩余粮食后，很快就出现了运用谷物酿酒。同时，汾阳的气候冬夏寒暑，四季分明，非常适宜微生物的繁殖，微生物经过长期的选择、淘汰和繁衍，逐渐发展成为酿酒的绝佳资源。唐朝时期，据《旧唐书》记载："百户为里，五里为乡。县之郭内分为坊，郊外为村。里正坊村皆有正，以司督察。"汾州在唐代有著名的郭栅镇，其因地处要冲当设乡长，位于今杏花村东南方向，古时当属之。当时人口聚居较多，为保证水源不受污染，便自然形成人口南居、酒坊北移的格局。古杏花村实际是酒坊、酒肆所在地，与居住区是分开的。③可见，汾阳社会对酿酒活动的自然属性的观照。

实际上，除了对自然环境的敬畏，汾酒特质更多地体现在酿造过程中对"自然"的追求。首先，从酿造环节来看，在酿造过程中，追求没有邪杂味的出现，呈现粮食最原始的味道。因此，在每个环节，都会由"场上工"

① 王敬春.保卫汾酒[M]//《汾酒通志》编纂文员会.汾酒通志:第11卷文献史料汇编.北京:中华书局,2015:718-720.
② 安介生.美酒与美景:汾酒与河景观环境史简论[C]//张琰光.晋商与汾酒.太原:山西经济出版社,2015:95.
③ 王文清.汾酒源流:麯水清香[M].太原:山西经济出版社,2017.

来负责卫生清理的工作。在发酵环节,也要先对地缸用花椒水进行清理,然后再入缸发酵。在酿造环节结束的勾兑环节,尽管现在"外科手术"式[①]的勾兑方式很常见,汾酒一直坚持采用"酒勾酒"的方式,实现最原始的酒味的呈现;其次,从汾酒发展的历史来看,多年来,一直坚持粮食酿造最自然的方法,尽管20世纪60年代在对汾酒的写实试验中,发现了一些用于"增香"的技术,然而为了避免味道的"跳格",对于增香技术仍然持比较保守的态度;最后,从汾酒的香气来看,汾酒呈现的是自然的"苹果香气",作为一种"淡香"型的酒,在酒类品评中常常由于香气不浓郁而不占优势。近年来,伴随着人们对于饮食习惯、生活风格的转变,"清香型"的汾酒正引领着一场"清香大回归"的趋势,推动中国白酒审美体系的回归和整合。

## 第四节　小结

本章用"技术文化风格"的概念来对作为一种物质文化的中国白酒和汾酒的特质进行概括和提炼,为下文技术文化风格形成路径的分析提供一个研究的理论基础。对于技术文化风格的讨论,实质上是"强文化"范式在技术研究领域中的一种应用。将文化从过去的社会因素中单独分离出来,作为一种结构性因素加以分析,研究技术与文化之间的互动关系。本章认为,以白酒为代表的兼具技术—文化特质的物质文化是物质文化的一种特殊类型。其具有无固定形态、主客观兼备、强烈的自然依附性及技术、文化相勾连等特性。其中,技术—文化属性兼备是其最为鲜明的特质。

---

① 与某贮存车间主任访谈,对方的用语。"外科手术"式的勾兑方式大致为:运用调香、调味的东西而非发酵的东西进行勾兑,可以有效解决酒的口感、质量等问题,然而存在一定的健康风险。

　　从制曲、酿造、勾兑再到贮陈,汾酒具备了清新淡雅、醇厚清香、自然干净的技术文化风格。对其文化趣味进行剖析,汾酒由于"清"的特质而符合中国古代对于白酒的审美取向,而该特质的获得离不开地方社会"先义后利"的精神;"醇厚"的特质使得其能够跨越历史的长河,在伦理上获得人们的青睐,并在当地"契约文化"的作用下获得了某种"合法性",汾酒在汾阳逐渐与桑落酒等其他山西名酒相区分开来;而汾酒"道法自然"的特质使得其不但获得了历史的发展,而且在今天的白酒文化中仍然引领着新的风潮。

　　通过汾酒的历史形成过程我们可以发现,汾酒技术文化风格的形成不是一蹴而就的。按照哈贝马斯(Jürgen Habermas)公共空间的理论,技术的形成是与社会不断进行磋商的结果。公共空间具有开放性和共同性,同时也有自己独立的领域。而技术的演进就是技术、社会不断协商与协商反馈的过程。①借用哈氏的观点来看汾酒技术文化风格的形成,我们看到汾酒技术正是在与地方文化的不断磋商中,形成了自身的风格。

---

　　① Jürgen Habermas. *The Structural Transformation of The Public Sphere: An Inquiry into a Category of Bourgeois Society*, Cambridge: MIT Press, 1991. pp.6–30.

# 第四章

# 汾酒的技术定型与文化塑造

汾型酒的技术定型是汾酒技术文化风格形成的一个重要节点。正如平齐和比克通过分析自行车发展的历史,得出技术不论是外部表征、使用功能,还是设计和工艺都受到社会群体的塑造,汾酒技术的定型也受到了晋商商帮的文化塑造。在开中制"输粮换盐引"的过程中异军突起的晋商商帮对于技术定型起到了重要作用。同时,本章还从消费文化的角度探讨了汾酒在"物展"中获奖的意义。通过种种社会因素的影响,汾酒技术文化风格的特质更加清晰。

## 第一节　民国时期汾酒酿造技术的
## 初步定型

上文谈到汾阳的地方性文化为汾酒技术文化风格的形成提供了肥沃的土壤。实际上,在技术定型之前,汾酒技术一直沿着内史路径发展,类似于库恩所说的科学发展的常规阶段。清末民国时期,资本主义萌芽的发展,为汾酒技术的定型提供了新的契机。在此背景下,地方的重商文化、晋商"两权分离"制度为汾酒技术定型提供了文化和制度基础,而激烈的市场竞争使得少数几家汾酒企业脱颖而出,他们制定的汾酒酿造规定也被奉为酿酒的必要规定,汾酒酿造技术由此得以定型。

## 一、汾酒技艺的传承与会聚

在封建时期,由于我国是传统的农业大国,因此,酿酒活动即便在民间有一定的发展,也大多只是停留在农户的自产自销或亲朋饮宴。同时,由于我国是礼仪之邦,对祭祀、庆典等活动比较重视,因此除民间发展路径外,酿酒技术的推动很大程度上是供职于官方的官营势力。唐朝时期,酒的商业获得了一定的发展,酒的出品渠道除了官营酒坊和家庭自酿,还多了民营酒坊的形式,然而酒业的发展却被官营酒坊牢牢把控,主要原因在于官营方式通过强行推销和派给的商业势力,垄断了大部分的市场;而民营的主要形式为分布广、规模小,各自为酿的"酒户",百姓购酒者称其为"酒店",为周围居民提供饮用酒。[①]这样一来,要么是在政府的掌控下实现对市场的垄断,要么是大多数家庭都能掌握简单的酿酒技术,由于缺少良性的商业竞争,酿酒技术的提升就很难实现。到了明朝时期,在酒业经营方面,基本延续了唐朝的发展模式,除了专供皇家消费的宫廷制作,还衍生出了以酒户形式出现的官营作坊,将产品投入市场。同时,由于政策的进一步放开,民间也出现了富民大户、文人雅士自酿自饮的情况,与男耕女织自我消费的农家制酒共同发展。[②]

由此,我们可以总结出,在封建王朝鼎盛时期,我国酿酒业的发展可以归结为两种势力的共同推进:一是以宫廷酿酒师或富裕商户投资的酒

① 王赛时.中国酒史(插图版)[M].济南:山东画报出版社,2018:120-124.
② 王春瑜.明朝酒文化[M].北京:商务印书馆,2016:1.

户为主体的"精英酿酒师"对于酿酒工艺的钻研;另一个是以广大农户为主体的普通人的酿酒活动。不论是对于酿酒的品质还是类型,中国古代白酒的发展都经历了一个从官方到民间、从祭祀等政治功能向日用等日常消费的扩散过程,而在此过程中,商业因素较少渗入其中。到了清朝时期,以汾酒的发展为例,可以看出随着资本主义萌芽的发展,酿酒活动逐渐从一种自发性的、零散性的生产变为生产性的、技术性的生产。"最是新年佳酿熟,逢逢铁鼓赛郎神"这句诗描述了小生产者利用赛神祭醮进行集市交换的情景。"沽道何妨话一缠,家家酿酒有薪传。当垆半属卢生裔,颂酒情深懒学仙。"资本的介入使得其真正发展成为一种产业。据 1935 年的《中国实业志·山西卷》记载,全县有较大的酿酒作坊 17 家。大多数是从清朝建立延续下来的老字号酒坊(见表 4.1)。

表4.1　1935年(民国24年)汾阳县较大酒坊一览表[①]

| 酒坊名 | 坊址 | 设立年月 | 组织 | 资本额(元) | 职工数 | 年产量(市斤) | 年产值 |
|---|---|---|---|---|---|---|---|
| 义顺魁 | 杏花村 | 清光绪元年 | 合资 | 5200 | 15 | 20000 | 4000 |
| 三盛奎 | 杏花村 | 清光绪三十四年 | 合资 | 9000 | 20 | 20000 | 4000 |
| 德厚成 | 尽善村(今入杏花村) | 清光绪三年 | 独资 | 4500 | 14 | 25000 | 5000 |
| 义泉泳 | 尽善村 | 民国23年(改组) | 合资 | 5000 | 25 | 25000 | 5000 |
| 义泉涌裕记 | 本城 | 清光绪初年 | 合资 | 5000 | 14 | 15000 | 3000 |
| 永兴恒 | 本城 | 清光绪三十年 | 合资 | 1800 | 17 | 15000 | 3000 |
| 广和兴 | 本城 | 清光绪十八年 | 合资 | 2600 | 11 | 15000 | 3000 |
| 兴隆泉 | 东关 | 民国14年 | 合资 | 1800 | 13 | 15000 | 3000 |
| 德生泉 | 东关 | 民国13年 | 合资 | 2900 | 10 | 15000 | 3000 |
| 兴盛长 | 白石村 | 清光绪二年 | | 2960 | 14 | 20000 | 4000 |

① 转引自《汾酒通志》编纂文员会,编.汾酒通志:第2卷酒乡概览[M].北京:中华书局,2015:58.

| 酒坊名 | 坊址 | 设立年月 | 组织 | 资本额（元） | 职工数 | 年产量（市斤） | 年产值 |
|--------|------|----------|------|--------------|--------|----------------|--------|
| 广茂恒 | 肃家庄 | 清光绪三年 | | 1100 | 10 | 15000 | 3000 |
| 丽渊居 | 安头村 | 清光绪四年 | | 2500 | 16 | 20000 | 4000 |
| 天成公 | 北小堡 | 清光绪五年 | | 1200 | 15 | 20000 | 3000 |
| 义和长 | 董家庄 | 民国24年 | | 2000 | 10 | 15000 | 3000 |
| 兴隆源 | | 清光绪三十年 | | 1700 | 14 | 15000 | 3000 |
| 天丰泰 | | 民国24年 | 合资 | 1500 | 12 | 15000 | 3000 |
| 正兴源 | | 民国22年 | 合资 | 1800 | 11 | 15000 | 3000 |
| 合计 | | | | 53560 | 241 | 300000 | 60000 |

在民国时期，汾酒酿造首先在技术上实现了一个集工艺于大成的突破。在民国时期，虽然有众多酒坊，然而生产工艺却并不统一。1899年，宝泉益将规模较大的德厚成、崇盛永兼并，启用新字号"义泉涌"，寓意为"信义为先，酒如泉涌"，之后，股东王协卿对生产条件大力改善，依照古法创新，对生产技术进行了初步的总结和确定。

首先，是依照先秦时期"五齐""六必"的酿酒记录，对汾酒酿造的程序、工艺明确规定。所谓"五齐"，最初在《周礼》中有所记载。"酒正：掌酒之政令，以式法授酒材。凡为公酒者，亦如之。辨五齐之名，一曰泛齐，二曰醴齐，三曰盎齐，四曰缇齐，五曰沉齐。"[1] "五齐"是当时的人们依照发酵醪五个阶段所发生变化的主要特征而将它们分列为五种酒。郑玄在《周礼》的注疏中作了以下解释：

> 泛齐，泛者，成而滓浮，泛泛然，如今宜成醪矣。二曰醴齐者，醴体也，此齐熟时上下一体，汁滓相将，故名醴齐。三曰盎齐，盎犹翁也，成而翁翁然，葱白色如今邓白矣。四曰缇齐，缇者成而红赤，如今

---

① 陈戌国点校，周礼，岳麓书社，1989：13.

下酒矣。五日沈齐，沈者，成而滓沉，如今造清矣。

泛齐：发酵开始，醪醅膨胀，并产生二氧化碳，使部分醪醅冲浮于表面；醴齐：在曲蘖的引发下，醪醅的糖化作用开始旺盛，逐渐有了醴那样的甜味；盎齐：糖化作用的同时，酒化作用逐渐旺盛，达到高潮。发酵中产生了上逸的二氧化碳气泡，并发出声音，酒醪液呈白色；缇齐，发酵液中的酒精含量明显增多，蛋白质生成的氨基酸与糖反应生成色素，溶解于酒精中，改变了发醪液的颜色，呈现出红黄色；沈齐，发酵逐渐停下来，酒糟开始下沉，上部即是澄清的酒液。[①]通过对酿酒五个阶段的分析，对发酵过程有了大致的认识，为发酵过程中的分解作业提供了一个认识基础。

所谓"六必"，即《礼记·月令》中记载的一段关于酿酒活动的记述：

乃命大酋，秫稻必齐，曲蘖必时，湛炽必洁，水泉必香，陶器必良，火齐必得，兼用六物，大酋监之，无有差忒。

这段话的意思是：冬季的时候，酒正向大酋发出酿酒的指令。要做好六件事：准备质量好的高粱和稻子，制曲蘖要选好时日，浸泡和蒸煮过程都要注意清洁，酿酒用的水要选择质量优良的，盛装器皿要精良不渗漏的，同时必须拿捏好火候，使发酵能在合适的温度下进行。[②]"六必"中对粮食、曲蘖、水、陶器、火候的要求为汾酒酿造提供了初步的基础。根据"六必"的经验，杨得龄发展出"七必"的生产经验，即"人必得其精，水必得其甘，曲必得其时（七、八月间最宜），高粱必得其实，器具必得其洁，缸必

---

① 周嘉华.酒铸史钩[M].深圳:海天出版社，2015:51-52.
② 屈建龙.汾酒时刻.太原:北岳文艺出版社，2015.

得其湿(上阳,下阴),火必得其缓(文武火;蒸糁宜大火,出酒宜小火)"[①]。今天,对于汾酒酿造的科学解释中,仍然十分注重对这几项关键因素的控制。《山西轻工业志》对汾酒酿造的工艺进行解读,认为汾酒得以酿造的几个关键因素为:"天、地、禾。"分别指代的是汾酒的气候环境、水源和汾阳县的高粱。[②]

其次,在依古法酿造的同时,义泉泳还从以下四个方面入手,详细确定了汾酒从大曲制作、发酵周期、清蒸工序和蒸馏步骤方面的规定。一是在曲的利用方面,选用大曲固态发酵。大曲中存在复杂的菌种。在与高粱拌和之后,发酵的过程中,酵种分泌的酵素能够引起复杂的生物化学反应。因此,要特别注意曲的应用和制作。具体来说,首先将豌豆与大麦按三比七的比例混合,将其制成原料,用骡挽石磨磨碎两遍,如小米的形状,不可太粗,然后加入适量水,投入木质的模具内(模具长八寸半,宽五寸半,高二寸),经过40人(或20人)的踏踹,运入曲室内,将门窗封闭,等待发酵。当曲皮表面出现小白斑点,并且斑点逐渐增大,就开始开窗放冷。开窗的方向和大小,一般根据当时的风向而定。如果开背风窗,要注意缓缓散热,防止通风过猛造成曲的不良。此后,每日翻转一次,将曲块上下左右调动,同时增加曲块之间的距离,使得水汽散发,一个月以后水尽曲成。从以上大曲的制作和入室卧曲的工序来看,制曲的基本原理和要领已经基本形成,只是在后来的发展过程中,在具体操作上更加细致。

民国时期,曲的种类已经有了清茬曲(断面全呈现白色)、"一条线曲"(曲面中心呈一条金红色线)、单耳曲(翻曲者懒怠所致,曲面左右不匀)、双耳曲和金圈曲(上火较高所致,为中等曲)等不同的种类和等级之分。当时,由于制曲技术较难掌握,被晋祠镇、徐沟县、文水县等少数地区的制

① 方心芳.汾酒酿造情形报告[M]//《汾酒通志》编纂文员会.汾酒通志:第13卷论文选读.北京:中华书局,2015:1192.
② 衡翼汤.山西轻工业志 上[M].山西省地方志编纂委员会办公室,1984:71.

曲师傅所垄断,并且本钱较高,与酿酒好坏关系十分密切,因此,制曲师傅的工资较高,每看曲 3000 块可以得 10 元大洋的报酬,并且管吃住。

二是采用较长的发酵期。在当时的汾酒市场上,许多商家为了盈利,将同样的高粱采用较短的发酵周期,提前出售,看似获得了短暂的盈利,其实对汾酒的口感造成很大的影响。义泉泳在长期生产中,摸索出了 21 天的发酵周期比较合适。对发酵期的延长,是形成汾酒口感的重要一环。在此期间,可以产生大量酒精,并且产生独特的芳香。

在发酵之前,义泉泳对原粮粉碎的过程也十分重视。一般来说,设有三盘石磨,一盘负责磨曲,另两盘用来粉碎高粱。因为汾酒采用的是汾阳当地的"一把抓"高粱,色红黄、粒扁圆,剖面呈现粉状,带壳的很少,因此出酒率较高。对于高粱的粉碎,必须破为四瓣,大小才刚合适,接着再倒入磨斗内碾碎。现在汾酒生产中运用的高粱粉碎时也有"四六八瓣"的规定,后分化为更细的指标,源自高粱的粉碎对后续出酒率和酒质有较大影响。微生物专家方心芳在义泉泳参观后发现义泉泳的高粱粉碎"糁子实无元粒及多量之粉,较他处烧锅细致多矣"[1],可见其在每个环节的标准之严格。原粮粉碎后,用五百斤的高粱与二三百斤的水拌和均匀,采用靠墙壁堆垄的方式压平,然后七八个小时后用手指检验,成粉之后,装两甑将粮食蒸熟,之后加入沸水百斤,置于扬冷场上通过翻转的方式使之速冷。"闷堆"的方式与今日原理相同,只是当时尚未有扬冷的工具用以加速冷却。之后加入大曲之后,入缸发酵。当时义泉泳有缸室十五六间,六百余口缸,高约三尺四五、口径尺六七寸,底一尺多,每缸可以盛放酒糁一百二十多斤,与今天的酒缸大小相近。地缸上覆盖石板,厚一寸四五,直径一尺八九寸左右。

---

① 方心芳.汾酒酿造情形报告[M]//《汾酒通志》编纂文员会.汾酒通志:第13卷论文选读.北京:中华书局,2015:1194.

在发酵过程中,"中途上火之高低,亦不加察验",这种前馈式的发酵控制一直沿用至今。不开缸检查的原因,在于石盖与缸口之间有一层米糠,如果缸内气压较大,就可通过糠层泄出,碳酸气如果较重,也可以存于缸内,防止外气进入。"按酒性之柔刚,气味之旨劣,与发酵之缓急,甚有关系。"较长的发酵期保证了汾酒口感的醇正,使之"力大而柔和"[①]。

三是确定了"清蒸二次清"的方法。清蒸法的坚持,形成了与续糟法鲜明的对比,也使得清香型白酒的风格独树一帜。汾酒的蒸馏,采用的是锅式蒸馏器,由灶、沸水锅、甑、冷缩锅、承酒匙等几部分组成(见图4.1)。其中,灶建在地下,留灶口在上,添煤去渣比较方便;沸水锅由铁板钉成,口径大约二尺六七寸,上部与甑相连接。民国时期的甑桶由生铁所铸,一边腰间开一孔,便于插入盛酒匙柄;汾酒的冷缩锅由锡制成,形状和普通的深缘锅所不同,底部的中间稍稍凸出,其状敞口圆形、20厘米以下,45度角向圆心倾斜,收缩至锥尖,内容冷水,类似鼓鳌,故得名。20世纪五六十年代以前,汾酒蒸馏采用的都是"锡鳌"冷却的方式;盛酒匙形如调羹,只是柄较长、为管状,用于流酒。

这个蒸馏器的构造,与其他地区蒸馏器皿相比,原理简单,在装甑时,掌握规律即可。装甑时,首先将水烧沸,然后加入少许油,减少泡沫,之后加入一些废弃的酒梢,等锅内水沸气溢出后,开始加入酒糁。这时候的装甑程序,较现在简易许多,然而原理相近,即见汽撒料,层层加入。由于此时采用的是人工烧火的方式加热,无法对火力大小进行精准控制,并且冷凝技术尚未应用,需要手工加入冷水,很不方便。然而"二次清"的方法却是在此时初创。上述方式所得头糙酒,出酒后,再加入少许冷水、加曲搅拌,发酵21日后加糠,再入甑蒸酒,得到二糙,此后,蒸酒后得到的即为

---

① 方心芳.汾酒酿造情形报告[M]//《汾酒通志》编纂委员会.汾酒通志:第13卷论文选读.北京:中华书局,2015:1195.

酒糟。

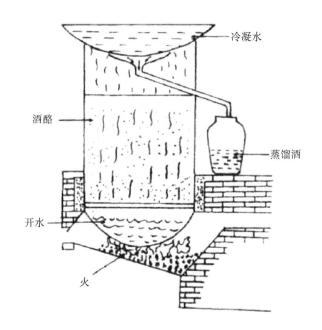

图 4.1 民国时期义泉泳所用"锅式蒸馏器",转引自周嘉华．
酒铸史钩[M]．深圳：海天出版社,2015:95．

　　四是酒头回缸发酵。最初蒸馏出的酒被称为酒头,酒头流出后,再返回缸内再发酵,这个过程被称作"回苴"。由于酒头中含有大量的酒精和有机酸,这样的做法能够促进缸内的物质发生变化,提高出酒率、增加酒的不同层次的香味。"回苴"的方法后来被实验证实,确实是增加汾酒芳香的一种有效手段。汾酒酿造四个规定的确立,为汾酒市场提供了基本的标杆,带动了整个汾酒市场向有序、良性的方向发展。

　　同时,在该时期,以义泉泳为代表的汾酒作坊还进行了配制酒的研发。从 1904 年开始,在杨得龄的带领下,以"老白汾"为基酒,先后试制成功了"葡萄""黄汾""茵陈""五加皮""木瓜""佛手""玫瑰""桂花""白玉"
"状元红""三甲屠苏"等十多种低度配制酒,加上清初傅山先生配方的"竹
叶青",形成中国白酒业第一个以白酒为主、配制酒为辅的完整的品牌体
系。①其中,"白玉""竹叶青""玫瑰"等配制酒被流传下来,至今仍是汾酒
的代表性酒类。

　　另外,在汾酒的品鉴上,杨得龄还独创了一种综合利用感官进行品鉴
的方法。即"子九验酒三部曲":"端起斟满酒的品杯,临窗伫立,举杯左右
旋转,对光辨色;正襟危坐,端杯至鼻下寸许,深深吸入,细细嗅滤;唇呡舌
蘸,轻吟慢品,手捋垂胸美髯,闭目沉思。"这种综合运用眼鼻口进行辨别
酒之色、香、味的方法,与今天的品酒程序十分接近。可以说,这种汾酒的
品鉴之法是对于莫里斯·梅洛-庞蒂(Maurice Merleau-Ponty)所述"联觉效
应"的一种现实的体现。在酿酒和品酒的过程中,也存在一种"联觉效
应","联觉是通则,我们之所以没有意识到联觉,是因为科学知识转移了
体验,是因为要从我们的身体结构和从物理学家相像的世界中推断出我
们应该看到、听到和感觉到的东西,我们不再会看,不再会听,总之,不再
会感觉"②。因此,多年浸淫在酒坊的老酒工往往能够依靠敏锐的嗅觉、味
觉甚至视觉、触觉来捕捉不同阶段糁料的好坏。

　　在酿造方法初步确定之后,汾酒的酿造逐渐形成一种产业的集聚。
通过作坊的兼并与整合,一时间形成"人吃一口锅,酒酿一眼井,铺挂一块
牌"的局面。经营方式为在后台选取"古井亭"的井水酿酒,前台贩酒,并
且远销外地。

---

① 山西杏花村汾酒集团有限责任公司.汾酒文化(第一辑)[M].
② [法]莫里斯·梅洛-庞蒂.知觉现象学[M].姜志辉,译.北京:商务印书馆,2003:293.

## 二、地方"重商文化"对酿酒技术的形塑

如同韦伯(Max Weber)在《新教伦理与资本主义精神》中提到新教包含的救赎观念及由此衍生的行为规范与资本主义精神高度契合,因而资本主义在深受新教影响的西欧地区蓬勃发展。[①]在山西,由于历史上"山西地狭民稠,民多弃农经商"[②]。明嘉靖年间的"一条鞭法"和清雍正年间的"摊丁入亩"等土地政策更削弱了农民对土地的依附关系,刺激了商业的发展。明朝时期政府为北边各边镇筹集军饷而推行"开中制",为晋商的兴起提供了契机。清雍正二年(1724),山西学政刘于义上奏称:

> 山右积习,重商之念,甚于重名,弟子之俊秀者,多入贸易之途,其次宁为胥吏,至中才以下,方使之读书应试,故以士风卑靡。[③]

在重商的思想传统下,酿酒活动被晋商商帮作为一种谋生活动进行大规模的经营,客观上推动了酿酒技术的进步。由于中国古代统治者秉承了孟子"劳心者治人,劳力者治于人"的统治艺术,通过对技术的隐喻("劳力")完成工作的分级,而"基本"的生产性活动便是农业。人们普遍认为"在土地上劳作是培养德行的最好方式"[④]。因此,山西商帮在酿酒活动中投入巨大的财力、精力、人力其实是非常值得敬佩的。

平遥知县王缓在《疏通来巢文》中说:"晋地黑壤,多宜植林,粗而砺不

---

① [德]马克斯·韦伯.新教伦理与资本主义精神[M].于晓,陈维钢,译.北京:生活·读书·新知三联书店,1987.

② 山西省政协《晋商史料全览》编辑委员会,吕梁市政协《晋商史料全览·吕梁卷》编辑委员会,编.晋商史料全览·吕梁卷[M].太原:山西人民出版社,2006:2.

③ 张正明,薛慧林.明清晋商资料选编[M].山西人民出版社,1989:24.

④ [美]白馥兰.技术与性别[M].江湄,邓京力,译.南京:江苏人民出版社,2017:34.

可以食,于是民间不得不以岁收所入,烧造为酒。"①乾隆年间,由于以山西商人为代表的广大民众普遍采用粮食踩曲,政府出于保证粮食安全和安定社会的目的,曾经举行了一场是否应该允许开放民间用粮制曲的大讨论。在这场大讨论中,可以看出山西酿酒业在当时具有的绝对话语权。首先,"直隶山陕等省""富商巨贾","每年二麦登场后,在于水陆码头、有名镇集,广收麦石,开坊踩曲"。"至通行市卖之酒,俱来自山西,名曰汾酒。"②山西商人掌握了北方各省的酒曲来源和制酒的技术。其次,在山西省中,以汾州府最为有名。"第查晋省烧锅,惟汾州府属为最,四远驰名,所谓汾酒是也。且该属秋收丰稳,粮食充裕,民间烧造,视同世业。若未奉禁止以前所烧之酒,一概禁其售卖,民情恐有未便。"③而对于禁酒的态度,官员之间并没有达成统一:有官员认为酿酒的获利甚微,达不到严管的程度:"查甘省烧酒,向用糜谷、大麦。计其工本,通盘核算,每糜麦一斗,造成烧酒,仅获利银五分。缘利息既微,且民鲜盖藏珍重米谷,是以无庸官禁綦严,而小民自不忍开设。"④也有官员持相反的态度,认为一味地放松酿酒政策会造成粮食的浪费,应"留麦谷之有余,裕盖藏之本,计于民生似有裨益"⑤。通过禁曲、征酒税等形式确保粮食的产量,也保障百姓的生活。乾隆皇帝对于后者的建议比较认可。朱批道:"禁其私踩可耳,若勒限令售,恐滋繁扰。"⑥山西商帮的制曲酿酒活动没有被严令禁止。

　　重商精神的作用使得酿酒和售酒的经营活动没有在山西被制止,同时,"重商"的另一层含义就是重视做生意的信誉,这种精神在一定意义上也形塑了汾酒的技术操作。从汾酒酿造的角度来看,尽管汾阳当地人可

---

① 王兴亚.清代北方五省酿酒业的发展[J].郑州大学学报(社会科学版),2000(01):14-20.
② 叶志如.乾隆年间江北数省行禁踩曲烧酒史料[J].历史档案,1987(3):27-28.
③ 叶志如.乾隆年间江北数省行禁踩曲烧酒史料(下)[J].历史档案,1987(4):20.
④ 叶志如.乾隆年间江北数省行禁踩曲烧酒史料[J].历史档案,1987(3):28.
⑤ 叶志如.乾隆年间江北数省行禁踩曲烧酒史料[J].历史档案,1987(3):30.
⑥ 叶志如.乾隆年间江北数省行禁踩曲烧酒史料[J].历史档案,1987(3):29.

能并没有察觉,然而对汾酒的"规定"已经透露出当地地方文化的内涵,汾酒的"体制和风格",即清香型口感的塑造来源于地方文化对于"先义后利"的坚持。汾酒酿造的关键技术——"较长的发酵期"和"清蒸二次清"都需要付出极大的成本。虽然重商,但是更讲求信誉。山西的许多商人群体都将关公作为祭祀对象,除却地理上的天然亲近外,关公"义"字当头,信义为先的品质是山西商人所深深敬佩的。①

夫商与士,异术而同心。故善商者处财货之场而修高明之行,是故,虽利而不污;善士者引先王之经,而绝货利之径,是故,必名而有成。故利以义制,名以清修,各守其业,天之鉴也。②

王文显(1469—1523)提出的"士商道德同一论"是山西商人商业伦理观念的突破。讲究"先义后利""以义制利",不发不义之财,"贵忠诚、鄙利己,奉博爱、薄嫉恨",反对不择手段地经营获利。不惜折本亏赔,也要保证本商号的信誉。酿酒专家对于"清蒸二次清""地缸发酵"的汾酒制造方法的坚持,与清香汾酒的遭遇并不是"一见钟情",当地汾酒爱好者对于汾酒的喜爱,即"共鸣",预设着对于义利诚信的认知和解码操作的运作。千百年来,汾酒的生产者和解码者在同一方土地同呼吸、共命运。"契约"和"义利观"如同汾阳文化中"工具箱"的两项内容,通过组合作用将汾酒的"清香"品质进一步定型。③

---

① 葛贤惠.山西商人与关公文化[G]//李希曾.晋商史料与研究.太原:山西人民出版社,1996:139.
② [明]李梦阳撰.空同集:卷四十六[M].上海:上海古籍出版社,1991:450.
③ 赵万里,王俊雅.趣味区隔与物质文化的流行——以汾型酒沿"黄金茶路"的扩散为例[J].山东社会科学,2021(2):122-127.

## 三、晋商"两权分离"制度对酿酒技术的推动

在重商风气下,明末清初,酿酒已经成为汾阳当地一项重要的生产经营活动,据《中国实业志·山西卷》记载,1935年,酿酒业成为民国时期除面粉业以外的第二大行业。酿酒业的迅速发展使得山西商人将汾酒酿造作为一项可以发展的实业来进行投资。对汾酒的投资也是山西商人从金融票号领域向实业领域转型的一个成功案例。在众多汾酒商人中,汾阳南垣寨王家是重要的一支。汾阳王家建立的宝泉益,后扩大为义泉泳,成为当时汾酒商人的典型代表。以此为例来说明晋商的管理方式与酿造技术革新之间的内在关连。

其时,王家经历了几代人的发展,生意繁盛,各门手握重资,寻觅创办实业。有一次,"小三门"的王燮[①]由京回汾,雇的脚夫是杏花村人,脚夫建议王燮在杏花村开个酒坊。王燮认为有利可图,回汾后,与两个弟弟商量合股在杏花村开设酒坊之事。王氏三门各出资本1000吊,选取申明亭古迹处开设酒坊,取名"宝泉益",抽调三门的任润玉兼任大掌柜。宝泉益最初是自酿自销,后来王氏兄弟决定重金打造一个上规模的汾酒作坊。将古迹周边建筑悉数购买、重金修缮,选择最好的储酒陶缸,聘请最好的酒工……巨大的投入导致入不敷出,王燮退出了"宝泉益"。王燮退出后,王森、王�端继续追加投入,并继续聘请任润玉为大掌柜,总算克服了各种困难,酿造出了浓郁醇厚的杏花村汾酒。宝泉益的成立和建设,"非财力雄

---

① 汾阳王家兴于王大代这一辈,约是清朝康熙至乾隆时人。王大代膝下有五子,长子王元晨、次子王享晨、三子王利晨、四子王祥臣、五子王福臣,王氏家族鼎盛,各有建树,被人称为"老五门"。老五门中的老四王祥臣有一子叫王严,王严之子叫王正邦,王正邦有三个儿子,分别叫王燮、王森、王澶,世称"小三门"。王家初时主要经营当铺,老大主要经营在京城、密云一带,老二生意多在河南新郑一带,老三王澶的买卖主要在口外,行业涉及银号、典当、杂货店、油坊和粮店,实力最为雄厚(参见王文清.汾酒史话:第三卷清香风骨[M].北京:中华书局,2014:86)。

厚难以为之,非意志坚定难以为之,非坚韧不拔难以为之,非持之以恒难以为之"①,历尽了艰辛。进入正常轨道后,宝泉益的日常经营逐渐由王澐之子王廷祥(字协舒)、王廷瓒(字协卿)接手,王廷瓒采取设馆教书的师傅张文福的建议,聘请汾阳城内衙门口泰和园酒店的掌柜、邻县孝义人杨得龄作为大掌柜。1899 年,宝泉益与"德厚成""崇盛永"兼并,启用新字号"义泉涌",1915 年,又兼并了卢家街的大批酒坊,义泉涌酒坊正式更名为"义泉泳"。

从宝泉益的建立,到义泉泳的兴盛,汾阳王家的成功既离不开晋商资本的支持,也与晋商的管理模式息息相关。在管理模式的加持下,商业领域的成功也使得酿造技术的精细化要求被人们约定俗成地继承下来。具体来说,晋商传统的"两权分离制度"给了以杨得龄为代表的"大掌柜"以充分的自主权。两权分离制度来自晋商讲求"天时不如地利,地利不如人和"的传统。"人和"的根本就是"恪守信义",本着信义为先的原则,允许普通员工"顶身股"。顶身股既无特殊要求,也无名额比例,只要忠实敬业,不犯过错,待服务至一定年限,人人都有机会。后演变为委托—代理关系的两权分离——"有钱出钱,有力出力,出钱者为股东,出力者为伙计,东伙共而商之"。在两权分离制下,财东的责任与职权,主要就是"将资金全权委诸经理","办理决算","凡扩充业务,赏罚同仁,处置红利,全由财东裁定执行"。②而具体的经营事宜主要是经理负责。

正是在这样的管理模式下,凭借着出色的技术,义泉泳的大掌柜杨得龄成为汾酒技术发展中的"关键个人"。杨得龄从酿酒的基层做起,18 岁时就能够领班作业。既懂得技术,又有掌柜经营职权的加持,杨得龄将汾酒酿造技术加以总结,并在全行业中树立了高标准的典范,带动了整个地

① 王文清.汾酒源流:麯水清香[M].太原:山西经济出版社,2017:171-175.
② 孔祥毅.晋商学[M].北京:经济科学出版社,2008:98.

区汾酒酿造技术的提高。1933 年,时任天津塘沽"黄海化学工业研究所发酵与菌学研究室"①助理研究员的方心芳来到杏花村,将杨得龄指导酿酒的实践操作进行了科学的取样和研究。二人天天曲房进,酵屋出,点拨于烧锅前,指教于酿造间,明确了酒坊内踩、蒸、装、烧等较细的分工。②并以此作为汾酒生产的工艺规范和要求,使汾酒的质量明显提高。③

　　汾酒的发展引起了时任山西督军兼省长阎锡山的注意。阎锡山将汾酒酿造纳入振兴山西经济的"厚生计划",提倡重工兴商,以实业救国,带头成立了晋裕汾酒公司。晋裕汾酒公司的经营,最初希望以"官商合作"的方式进行。由于汾酒生产有贮存环节的需要,义泉泳总经理杨得龄在合作谈判时提出官方出资 10 万元用于生产好的汾酒进行入库贮存三年的工作。然而官方提出预付第一年的资金但不取酒,次年再投入一年的预付款,双方没有达成一致,因此官商合营的形式被搁浅。官商合营的谈判没有达成,晋裕公司便提出由私人集股的方式筹办,义泉泳以酒入股,作价 2500 元,并向社会公开募股,由此晋裕汾酒有限公司得以成立。最初按照晋裕汾酒公司与义泉泳之间的约定,在晋裕公司开张后,义泉泳按照每斤出厂价一角五分的价格,每年提供 1 万—1.5 万公斤的数量向其提供原酒。随着物价上涨,民国十五年(1926 年)公司的外销价已经涨到五角五分,义泉泳要求根据市场情况提价,但是均遭拒绝,这样的情况引起了义泉泳员工的强烈不满,义泉泳东家因此事也将总经理杨得龄辞退,双

　　① 黄海研究社是一个以工业救国为宗旨,为振兴中国工业打基础的私营学术研究机构,十分重视用现代科学技术解决实际问题。由近代实业家范旭东创办(任志宏.文化汾酒:中国汾酒人物史[M].北京:中国文史出版社,2019:184.)。

　　② 任玉杰."老白汾"古今传承放异彩——记开创汾酒近代伟业的杨得龄父子[G]// 阚秉华,张玉让,主编.汾酒人的故事:第一集.太原:山西人民出版社,2006:28.

　　③ 刘锡仁,王希良,主编;《汾阳县志》编纂委员会,编.汾阳县志:第12卷汾酒[M].北京:海潮出版社,1998:312.

方合作宣告破裂。①虽然与义泉泳的合作没有继续,但是晋裕汾酒公司由于依靠政府的支持,有强大的资本支撑,很快又恢复了经营。

在具体操作中,通过聘任杨得龄专任晋裕公司经理,与新的酿酒作坊德厚成合作。在地方政府的主导下,晋裕汾酒公司的成立和发展一方面使得汾酒酿造技术更加统一和成熟,生产原料得以充分利用,汾酒匠人也成了一项专门的职业。另一方面也加快了汾酒发展成为一种地方性产业的步伐,通过打造产、供、销为一体的公司,山西汾酒得以行销全国。过去在本地,以集市的方式售酒。"杏花镇为汾酒之乡,以佳酿招致客商,月内四、九日为集"②,如若行销外地,据《汾阳县志》记载,"有靠骆驼或牛马拉运的驮垛和老倌车进行长途贩运的行商。民国初年至抗战前,县内三泉张家堡村田仲清饲养骆驼数十峰,与段家庄、阳城等村养骆驼户结成运输队,奔走于山东、河北千里旅途搞营运"。义泉泳时期,由于在北京、天津经营多处商号、银号,通过商号可以将酒外卖。晋裕公司更是在各省建立了代销点。在北平前门大街、大栅栏、琉璃厂,天津法租界 26 号,南京中正街、市府路等处设点销售。在汾阳县城楼西街设通诚信商号,专营汾酒运销。③晋裕汾酒公司的成立和运营,标志着汾酒酿造技术的真正定型。

## 第二节　民族主义背景下汾酒的"国货"标签

鲍德里亚从符号学的角度对消费社会和商品的价值符号深入思考。

①　刘锡仁,王希良,主编;汾阳县志编纂委员会,编.汾阳县志:第12卷汾酒[M].北京:海潮出版社,1998:314.
②　刘锡仁,王希良,主编;汾阳县志编纂委员会,编.汾阳县志:第16卷商业[M].北京:海潮出版社,1998:442.
③　衡翼汤,主编.山西轻工业志[M].北京:中国轻工业出版社,1991:66.

他认为："人们从来不消费物的本身(使用价值)——人们总是把物(从广义的角度)用来当作能够突出你的符号,或让你加入视为理想的团体,或参考一个地位更高的团体来摆脱本团体。"①晋商在实业领域的转型使得汾酒的发展获得了雄厚的资金和专业人员的支持。而汾酒在国际展览的获奖,激发了当时国民心中的爱国主义热情,饮用汾酒成为一种超脱饮宴本身的行为,汾酒地域性的文化风格让位于爱国主义的标签。20世纪初期,国内开展了一系列以"国货"为参展对象的展览,并根据资本、原料、经营、人员四类因素将是否为国货及属于国货的等级进行分类。在此基础上,汾酒的"国货"标签属性更加凸显。

## 一、汾酒的国际送展和获奖

1915年,正是义泉泳老字号发展壮大的关键一年。继1899年宝泉益与"德厚成""崇盛永"兼并,启用新字号"义泉涌"之后,1915年,又兼并了卢家街的大批酒坊,将杏花村的义泉涌酒坊正式更名为"义泉泳"。同年,美国为庆祝巴拿马运河通航100周年,举办了巴拿马万国博览会。也是在1915年,日本为了防备战后世界的不测,企图迫使中国认可在对其具有重要意义的中国部分领土上的霸权地位,提出"二十一条",引起了中国国内的激烈反抗,国内的民族意识觉醒。因此,老白汾作为山西物产参与美国举办的国际物展并获奖,也具有了不同寻常的意义。

对于展会,中国人并不陌生。明代中叶,中国甚至已经存在一个"全国市场体系"或"全国市场"。每逢全国节日、地方庙会或特殊行业的节日,作为当地"特产"的品牌如景德镇瓷器、绍兴黄酒、湖州宣纸等都会受到人们的格外欢迎。中国的文人士大夫不仅使用商品,而且利用商品表

---

① ［法］让·波德里亚.消费社会[M].刘成富,全志钢,译.南京:南京大学出版社,2006:34.

明身份。①另一个与"博览会"相近的概念是晚清的"赛会"。带有祭祀功能的迎神赛会,总体上是迷信色彩较为浓厚的社会宗教性活动。②然而不论是"集市",还是"赛会",都是农业社会中关系简单的商业活动,没有过多的政治、社会意义。因此,最初当西方社会已经开始频繁讨论博览会所展示的资本和权力之间的关系时——他们认为在"展览情结"引起的凝视里,有着机构性监视中暗藏的权力观点的相应物。手工制品的大范围公开展览,既是在博物馆内的教育策略,又是在展览和拱廊商街(19世纪中期出现)中消费的景观模式;③诸如水晶宫博览会这样的活动是"几乎完美地将资本主义制度以及博览会所服务的资产阶级利益合法化"④。国人对博览会的认识仍然停留在"炫奇斗异"的惊羡、兴发商利、劝兴实业的自省。⑤

在经历了甲午战败后,1915年,日本为了防备战后世界的不测,企图迫使中国认可在对其具有重要意义的中国部分领土上的霸权地位,提出"二十一条",其中第五部分侵犯了中国主权。"也就是在这几年里,中国公众对国家所处困境的认识大有发展,它超过了中国在政治上步履蹒跚的发展。"此时,国内对国际博览会的认识产生质的改变。认识到"通过兴办博览会,能兴发商利、开展商战、启发商智民智、劝兴实业,有利于实业救

①　[美]葛凯.制造中国:消费文化与民族国家的创建[M].北京:北京大学出版社,2016:206-209.

②　洪振强.民族主义与近代中国博览会事业1851—1937[M].北京:社会科学文献出版社,2017:47.

③　Sean Hides. The Genealogy of Material Culture and Cultural Identity[M]//Susan Pearce ed., *Experiencing Material Culture in The Western World*. London: Leicester University Press, 1997.

④　Thomas Richards. *The Commodity Culture of Victorian England: Advertising and Spctacles, 1851-1914*[M]. Stanford: Stanford University Press, 1990:4.

⑤　洪振强.民族主义与近代中国博览会事业1851—1937[M].北京:社会科学文献出版社,2017:32-38.

国和推行立宪政治"①。

当时的国民政府为了顺应国内高涨的民族主义、爱国主义思潮,对于1915 年在美国举办的巴拿马万国博览会十分重视。清代,中国对博览会的重视不够,外国人所掌握的海关常常选出一些诸如神像、灵牌、小脚鞋等负面形象的展品来参赛。而这次博览会一改过去情况,②"派调查员和劝导员到各地调查物产,劝导商民积极出品与会赴赛;派审查员到各省帮助审查,选择出品"。一直较为贫穷落后的山西地区也"附入直隶出品展览会,代办山西出品 5 箱"③。国内的报纸对此次活动也是不遗余力地加以报道和介绍。博览会召开之前,对于会场的情况、建筑的风格、展厅的面积和展品的摆放作了详细的介绍,并辅之以各个场馆的照片,让人有身临其境之感。④同时,对于博览会的起源、参展的缘由也以专文报道。⑤由于我国当时属于传统的农业国家,《农林公报》上以大量篇幅译出了《巴拿马太平洋万国博览会分类书(农业之部)》,其中"汾酒"所属的"烧酒"类位列第 130 科:"糖水及饮料、酒精及市上火酒"中的第 644 类:"各种酒精、威士忌酒、烧酒、糖酒、俄国麦酒、樱子酒、撒克酒。"⑥参展之种类十分齐全,划分细致。

5 月 3 日,巴博会开始对展品进行审查给奖,其中,汾酒获得了代表

①　洪振强.民族主义与近代中国博览会事业 1851—1937[M].北京:社会科学文献出版社,2017:16-17.

②　张正明,张舒.近代晋商与1915年巴拿马博览会的汾酒[C]//张琰光.晋商与汾酒.太原:山西经济出版社,2015:6.

③　洪振强.民族主义与近代中国博览会事业 1851—1937[M].北京:社会科学文献出版社,2017:211.

④　汪德伟.旧金山巴拿马万国博览会预志[N/OL].东方杂志,10(08):27-33.

⑤　芸生.世界万国博览会之起源[N/OL].中华实业界,2(7):1-8.

⑥　徐仁锐,译.节译巴拿马太平洋万国博览会赛品分类书[N/OL].农林公报(北京),2(16):113.

最高奖项的金质大奖章。①②巴拿马的这次获奖,不仅仅是一场简单的酒类品评的比赛,而是借助民族主义的消费主义的高涨,使得汾酒在国内的名声大涨。国际获奖成为一种品牌的加持,使得汾酒突破了地方性的知识或惯习。此后,汾酒的广告中"金质大奖章(grand prize)"成为一项必备元素。获奖的消息传回国内,生产汾酒的汾阳老字号义泉泳专门请人立碑,碑文《申明亭酒泉记》:"近卜山之麓,有井泉焉。其味如醴,河东'桑落'不足比其甘馨;禄俗'梨春'不足方其清冽。相传曾有仙人醑饮于此,遂得酒泉之名。"③汾酒正式从河东"桑落酒""襄陵酒""蒲州酒"等山西名酒中脱颖而出,强化了其作为山西地方性的文化意涵。民国年间《山西工商公报》将"1919年参加巴拿马万国博览会赛过各国名酒,获得一等优质奖章后,且已闻名全球",与新中国成立后人民政府的加持、品质的"精益求精"共同列作汾酒成名的原因。④参加比赛回国后,义泉泳出产的老白汾仍然用黑色瓷瓶盛装,但是获得国际大奖的加持使其在一众酒类中脱颖而出。民国七年(1916年)一份关于"老白汾"获奖的广告彰显了此次获奖不同寻常的意义。这份酒瓶上的商标贴纸由以下几个因素构成:上方是1915年老白汾获金质大奖章的图画;左下角绘有申明亭的图像(上面标有商标字样)。申明亭上写有楹联:"泉甘酒冽无二处,味重西凉第一家"。广告词的内容如下:

---

① 奖项英文全称:GRAND PRIZE upon THE PROVINCIAL GOVERNMENT OF SHANSI (shanxi china) for the Collective Agricultural Exhibit of Shansi and Particularly Raoliang-Fine called "Wen Tsiu"。

② 共有500名审查员,其中中国16名。中国共获得1211个奖,其中大奖章57个,名誉优奖章74个,金牌奖章258个,银牌奖章337个,铜牌奖章258个,奖词227个。中国得奖总数居30个参展国之冠。(参见洪振强.民族主义与近代中国博览会事业1851—1937[M].北京:社会科学文献出版社,2017:236.)

③ 刘锡仁,王希良,主编;《汾阳县志》编纂委员会,编.汾阳县志:第12卷汾酒[M].北京:海潮出版社,1998:336.

④ 山西工商公报[N/OL].1930:41:2.

本号开设汾阳城北尽善村,即古之杏花村也。申明亭古迹,至今卓立,内有灵泉,酿酒甚美。昔传有仙翁来,醉吐秽于井,即成琼浆,奇哉,异哉! 事虽近于荒诞,究莫名其妙,亭既命名申明亭,始恐掩没不彰乎!

本号开设于此,历有多年,并非为射利起见,实欲维旧址,以播仙泽。兹何幸世界活泼,中外大道,美巴拿马开特别赛会,凡各处动植工矿诸品物,均征集以较优劣。本号深蒙不弃,展得宏奖,皆有评据,去年更得优奖,给与大奖评一纸,一等金质奖牌一枚。省长赐"味重西凉"匾额,热心君子登报广传。今晋省间第一次,实业图书博物馆,两展览会,亦俱饰商会,特别征集,甚矣! 不特荣誉全省,诚足壮环球之观瞻耳。

然酒之益,昭昭可数也。助气养身、足增寿算、消愁解闷、大发文思,自古高人雅士,未有不以酒为友。晋之竹林七贤,有刘伶、阮籍者,俱纵酒乐甜全其真,以名后世,虽周公作《酒诰》卫武公作抑戒,亦非废而不用,实为沉迷不返者警。孔圣云:"不为酒困","唯酒无量"二语,为确证也。益以见酒为世所必需者也。

方今乡栈火车转运便捷。惟冀巨商羽客来函速订。凡从前巴豪赐顾自此未蒙更析益加致意焉幸甚! 特启! ①

此广告词大致分为四个部分:首先对"杏花村"的产地加以介绍,用一个仙翁醉酒的传说来对酒的来源进行神话的解读。接着中间部分用大篇幅介绍了在巴拿马万国博览会获奖的经历:"兹何幸世界活泼中外大通美巴拿马开特别赛会,凡各处动、植、工、矿,诸品物均征集以较优劣。本号

---

① 标点符号和简体翻译为作者所注,如有不当之处文责自负。资料来自汾酒文化博物馆的展品。

深蒙不弃,屡得宏奖,皆有凭据。去年更得优奖。给予大奖评一纸、一等
金质奖牌一枚。"然后从饮酒的功效和酒与文人骚客之间的文化勾连解读
饮酒的雅致境界。最后,才表明对于商人购买的邀请,体现广告的本质。
这份民国年间的广告"文案"虽然用词不多,然而内涵丰富,有理有据,具
有文化情操,堪为广告的文化范本。

时任省长阎锡山为义泉泳颁发了"中外驰名""味重西凉"的金字牌
匾。1924年(民国十三年),以酿造汾酒之原料"高粱穗"为图样注册了我
国第一枚白酒商标,并在不同批次的酒瓶上都印制了获奖信息。[①]新中国
成立以后,获奖的奖牌也多次作为一种广告元素印制在汾酒的酒瓶之上。
除去1966年,"文革"期间不能用奖牌做宣传,需要重新设计酒标,为适应
当时的社会背景,新酒标未设计出来,就将"云形古井亭"上"古井亭"和奖
牌图案用写有"山西特产"字样的纸遮住,后又恢复该奖牌的广告,与其他
国内获奖的奖牌共同构成汾酒酒标的组成部分。

有学者将消费主义与民族主义相勾连,提出了"产品民族性"
(product-nationality)的概念,认为存在着一种"消费的民族主义类型"(na-
tionalistic categories of consumption),其强烈约束着消费者。巴博会等国际
"物展"提供了"民族商品展览"(nationalistic commodity spectacles)的物理
和视觉空间,实际上发挥了论坛的作用。[②]通过屡次获奖,汾酒超脱了普
通白酒的道德规范、政治表达的"元"标志意涵,成为一种具有民族主义情
结的"国货",饮用汾酒突破了对于酒的口感、气味等物性的限制,成为一
种消费主义的民族主义。从送展、参展到展后归来,汾酒本身的酿造技
术、口感风味并没有发生改变,然而围绕汾酒的"元"意象却在悄然发生着

---

① 其中一则信息如下:"此杏花村汾酒前在美洲巴拿马万国博览会,经世界化学医学名家确实
化验共称:品质纯粹、香味郁馥。酒精虽多却于卫生有益。本公司为保持名誉、便利顾客起见,特设
总发行所于山西省城。凡大雅客商须认明本公司高粱穗商标,惠顾为荷。"
② [美]葛凯.制造中国:消费文化与民族国家的创建[M].黄振萍,译.北京:北京大学出版社,
2016:3-4,9.

改变。在民族主义思潮下,参加巴博会并获得金质大奖章的汾酒被冠以
"爱国"的美好滤镜,汾酒的意义除却道德规范和政治表达,还增添了"国
人之光"的意味,对汾酒的消费成为检验公民资格的一项基本内容。

## 二、汾酒的"国货"地位

山西商人的实业转型并不是孤立存在的,实际上,伴随着国内外形势
的动荡不安,实业救国已经成为 19 世纪流行的社会思潮。在重农轻商的
传统思想下,中国传统经济思想是以"农本业,商末业""重农抑商""重本
抑末"等观念为基础的。这种观念伴随着国内民族危机的加深而逐渐被
解构。甲午战争之前,有个别学者认识到通商与致富的关系:"中与西通
商,不独西商与西国人民得益也,即西国之君亦均得其益。西与中通商,
不独中商与中国人民得益也,即中国之君,亦大得其益。"郑观应在《盛世
危言》中也提出"习兵战不如习商战"的观点。甲午战争失败后,"实业救
国论"作为一种思想主张迅速在资产阶级知识分子和维新派人士中流行
开来,并逐渐为人们所接受,成为颇具规模和影响的一种社会思潮。①

值得注意的是,对于实业的重视,是建立在"国货"和"洋货"严格区隔
的基础上的。其时,通过"中国人要用中国货!"的民族主义口号,国内展
开了形式丰富、展品多样的国货展览,通过这种行动传达了爱国和救国的
强烈愿望。其时,完成了技术的定型,具备清香型风格的,中国生产、中国
制造的汾酒,获得了名正言顺的"国货"资格,通过国内的频繁展览,打响
了知名度。1928 年,时任工商部部长孔祥熙向各商会发布命令,发布证
书(此前是为了自己利益或被国货运动逼迫办理证书,现在则是在政府要
求下必须这样做)。国货被官方分为七个等级,一等最纯正,七等最不纯

---

①　姚琦.清末民初实业救国思潮及其影响[J].韶关学院学报,2004(1):67~71.

正。①以此为标准制定了参国货和外国货。给商品生产创造附加价值,而不是给外国提供原材料和广大消费市场。在这种严格区分"国货"和"舶来品"的背景下,"产品民族性"(product-nationality)开始强烈约束消费者。据《山西轻工业志·酿酒工业》记载,在国货运动之前,"白兰地多供洋人和高级官员饮用,每斤售价六角,而葡萄酒每斤二角,黄酒每斤一角,高粱白酒每斤一角三分,汾阳产者二角"②。国货运动后,作为"第一等"的国货,通过广泛参加国内展览,汾酒成了人们的优选。

民族商品展览(nationalistic commodity spectacles)作为一种物理的和视觉的空间,起到了论坛的作用,可以使中国消费者集中注意力,创造条件帮助他们认识国货,并大胆推广国货。③国货运动通过与民族性相联系——将民族性推进到整个运动的中心,成为消费者考虑的首要因素——确定国货的四个标准:原料、劳动力、经营和资金。④

按这四个标准来看,首先,汾酒采用的是"国人资本"。山西汾酒的投资者最初是在其他领域获得资本积累的本土商人。汾阳王家最初因为弟兄五人在各个方面均有建树,被人们称为"老五门",老五门中四子的后代在银号、典当、杂货店、油坊和粮店等均有所涉猎,为创办汾酒的实业提供了充足的资金保障。其次,是"国人经营"。汾酒商人在管理内部秉承了信义为先的原则,在管理体制方面体现为"两权分离制度",在义泉涌和晋裕汾酒公司合作破裂之后,仍然是国人持股和经营。再次,在原料方面,汾酒酿造所需粮食和曲蘖的制造都取材于当地,经历了数千年形成的微生物群也是塑造汾酒口感的秘诀。最后,在具体的工作方面,义泉涌时期通过"学徒制"的方式以极低的价格完成了对于劳动力的利用,而在晋裕

---

① [美]葛凯.制造中国:消费文化与民族国家的创建[M].北京:北京大学出版社:2016:186.
② 衡翼汤,主编.山西轻工业志[M].北京:中国轻工业出版社,1991:58.
③ [美]葛凯.制造中国:消费文化与民族国家的创建[M].北京:北京大学出版社:2016:9.
④ [美]葛凯.制造中国:消费文化与民族国家的创建[M].北京:北京大学出版社:2016:78.

汾酒公司时期,发展了雇佣制,虽然工人的地位低下,然而却是不折不扣的"纯正"的"国人工作",按此四项标准,在实业救国的思潮下,山西汾酒成为山西知名国货之代表,并通过频繁举办的国货展览获得了流行于市的合法性。[①]此时,酒在中华文化中的传统道德含义已经逐渐被稀释,让位于"民族主义"。

　　展览的频繁举行,虽然"不是经济发展的结果,而是政府行政督导的产物"[②],却提升了以汾酒为代表的产品的知名度。尤其是在山西这样的偏远落后省份,在参展被作为政治任务举行的同时,实业救国的思潮和民族主义萌发给予了汾酒技术发展和汾酒品牌塑造以新的契机。在民族主义思潮下,对"洋货"的抵制,使得日常消费具有了"民族化"的内涵。通过社会运动,来自政治、经济和社会的各种力量给消费行为施加了一种文化上的强制感——"国货运动"使国货和"洋货"所具有的二重性的物质文明意义变得普及起来,并且使消费国货成为公民资格的一项基本内容。[③]具有国货标签的汾酒一跃成为国内顶尖名白酒。

## 第三节　晋商兴起与汾型酒的扩散

　　汾酒在国内外的获奖,尤其是巴拿马万国博览会上的获奖使得其享誉全国,与此同时,还有另一股力量推动着汾酒和汾酒文化向全国的扩

---

　　① 汾酒在北京农商会展览会上获得二等奖。随后,在1918年中华国货展览会获金奖、1919年山西省第一次展览会获银质奖。1921年,汾酒获上海总商会陈列所第一次展览会银质奖、1922年又获南洋劝业会一等奖。铁道部于1933年4月、1933年10月、1934年、1935年分别在上海、南京、北平和青岛举办了四次全国铁路沿线出产货品展览会。汾酒在1934年、1935年分获超等奖(参见衡翼汤,主编.山西轻工业志[M].北京:中国轻工业出版社,1991:64.)。

　　② 马敏,洪振强.民国时期国货展览会研究:1910—1930[J].华中师范大学学报(人文社会科学版),2009(4):69.

　　③ [美]葛凯.制造中国:消费文化与民族国家的创建[M].北京:北京大学出版社,2016:7.

展,那就是晋商沿"黄金茶路"的扩展及晋商商帮精神对汾酒文化的加持。一方面,晋商遍布全国乃至远渡重洋的足迹以会馆仪式的饮用、酿酒工匠携技术迁移等形式将汾酒带到了全国各地。另一方面,晋商商帮显赫的社会地位拓展了汾酒文化的内涵,饮用汾酒成为一种社会的风潮。

## 一、"黄金茶路" 与汾酒的仪式化

在《甜与权力——糖在近代历史上的地位》一书中,人类学家西敏司(Sidney W. Mintz)为分析蔗糖如何从欧洲宫中贵族的流行之物被吸纳到普通人的日常生活中时,提出了"仪式化"的概念。具体来说,仪式化的过程指的是针对一些新事物,对它加以新的组合来应用和重新对其赋予象征意义的过程。"顺延"(intensification)与"广延"(extensification)是实现仪式化过程的两种途径。前者表达的是对过去的延续,更加强调忠于原初的意义,也更具有仿效的意味。后者指的是通过频繁的消费,赋予事物仪式性的意义,实现意义的重铸。①按照这种划分标准,在明清晋商登上历史舞台之前,汾酒的"仪式化"过程主要通过顺延,即对过去的延续和仿效来加以实现。而晋商与汾酒之间的勾连,使得汾酒完成了广延的过程,通过在新的场合和文化背景下频繁的消费实现了意义的重铸。

兴起于"开中制"的晋商,通过长途贩运这种"行商"的形式,将足迹行至祖国各地甚至国外。晋商活动地域之大、范围之广,"尝西至洮陇,逾张掖、敦煌,穷玉塞,历金城,已转而入巴蜀,沿长江,下吴越,已又涉汾晋,践泾原,迈九河,翱翔长芦之域"。在扩展过程中形成了盐业区、茶叶区、金融区、边贸区……等众多区域。沿着这些行商之路,山西商人开拓出来茶

---

① [美]西敏司.甜与权力:糖在近代历史上的地位[M].朱健刚,王超,译.北京:商务印书馆,2010:125-176.

叶丝绸之路、粮米药材之路、皮毛骡马之路、食盐布帛百货之路等。[①]经商的范围既"有定居一地开设店铺的坐商,也有运销各种货物往返各大商埠之间的行商,经营项目大到钱庄票号"。经营的范围则"小至烟酒、杂货、皮毛、颜料、金玉、布匹无所不有"。"只要有利可图,便不惮千里而往。"

晋商的经营范围如此之广,南北地区之间的商业往来形成了以某些城市为中心的商埠与集镇,这些地区人口聚集、流动频繁、物产汇储、便于交易,成为中心城市的辐射地区。[②]如因长期贩茶,形成了一条相对固定的"茶道",被称为"国际茶业之路"。大致路线为:福建武夷山经江西铅山,再沿信江船运至樊城(今襄樊),然后转驼队进入山西直达恰克图。[③]以茶叶为代表,开辟了沟通南北的烟酒糖布茶、驼绒牛羊马等商品的远足贸易活动。除去茶路之外,以山西河北为枢纽,北越长城,贯穿蒙古,经西伯利亚,通往欧洲腹地的商路最为出名,代表了晋商与中亚进行商品贸易交流的早期盛况。[④]鉴于晋商在沟通北方城市和北亚的重要地位,当时流行着这样的民谣:"先有复盛公,后有包头城;先有晋益老,后有西宁城;先有曹家号,后有朝阳县。"

在明清时期,政府官方的市场缺位,使得商人群体自发组织的会馆和商帮发挥了重要的功能。晋商在全国范围内的扩散催生了行会、会馆的发展。随着商业的发展,明清时期,商人的行会组织形式发生变化,由唐宋时比较松散的组织结构,发展到比较稳定而凝聚性较强的组织形式,这就是会馆。会馆的功能也随着历史发展经历了功能变迁的过程。最初主

① 葛贤慧.晋商文化与沪商文化之比较[G]//张正明,主编.中国晋商研究史论.北京:人民出版社,2006:316-317.

② 王尚义.晋商商贸活动的历史地理研究[M].北京:科学出版社,2004:31.

③ 王尚义.晋商商贸活动的历史地理研究[M].北京:科学出版社,2004:96.

④ 刘建生,刘鹏生.试论晋商的历史地位及作用[G]//李希曾,主编.晋商史料与研究.太原:山西人民出版社,1996:44.

要是为了解决同乡人进京考试的食宿问题,后来逐渐成为商人集会活动的集散地。①会馆的建立主要围绕着两类社会关系:一是同乡商人,二是同行商人组织。明清时期,在北京的晋商行会就有颜料会馆、临襄会馆、临汾东馆、临汾西馆、河东会馆、太平会馆等四十多处。②以会馆为中介,以地域、血缘关系为纽带形成的松散的商人群体联结更为紧密。③以往关于传统中国商业经营的争论多集中在家族企业及这种组织形式是否阻碍了经济的发展上。然而在面临复杂的市场和相当弱质的政府的情况下,由此产生的商业协会和同乡联合会在中国商业中发挥着重要作用。汉密尔顿指出这种环境下产生的商业经济战略是一种"地区共同掌权"战略,它是人际关系网络的基础,这种人际关系网一直到现在都是中国商业实践中特色。④

作为晋商行至全国的商路必不可少的随行之物也是贩卖之物,汾酒随着晋商商路也传至全国各地,并随各地的会馆展示其祭祀、庆典、联络乡情之功能。晋商行会不同行业所祭祀的对象不尽相同,如牲畜行崇祀马王,酒饭行供李白、杜康,铁行供祀君,纸行供蔡伦等。在北京临襄会馆中记录了其祭祀条规。在祭祀条目中,除却关帝外,还有财神、马王、火帝、酱祖、醋姑等与行商关系密切的神灵,体现出祭祀文化的多元信仰。⑤而在祭祀中酒的选择格外重要。在这里,晋商对于汾酒的喜好建立在对其独特口感的青睐及酿造方法的肯定之上。汾酒酿造所秉持的"较长发酵期"与"清楂法"的技术原则与晋商义利观的追求——"先义后利""以义制利"不谋而合,因此通过会馆中汾酒的频繁出场,不但彰显了山西商

① 张正明,张舒.晋商兴衰史[M].太原:山西经济出版社,2010:85.
② 孔祥毅.晋商学[M].北京:经济科学出版社,2008:145.
③ 张正明,张舒.晋商兴衰史[M].太原:山西经济出版社,2010:85.
④ [日]顾琳.中国的经济革命20世纪的乡村工业[M].王玉茹,张玮,李进霞,译.南京:江苏人民出版社,2009:80.
⑤ 孔祥毅.晋商学[M].北京:经济科学出版社,2008:148.

人义利为先的品质,而且帮助汾酒本身完成了"仪式化"过程中"广延"(extensification)的过程,即通过频繁的消费实现了意义的"重铸"。[①]汾酒成了山西商人义利精神的物质文化缩影。[②]

## 二、文化资本:汾型酒扩散的内在动力

布尔迪厄在评论伊芙琳·斯伦贝谢(Evelyn Schlumberger)写的一篇关于玛歌酒庄的文章时,始终承认特级葡萄酒与法国高雅文化之间存在着极富象征意味的联系,没有可能牵一发而不动全身。[③]事实上,与此相类似,汾酒与曾经显赫的晋商之间也存在着千丝万缕的联系。一方面,通过走遍全国、建立会馆的形式实现了汾酒的仪式化定位,另一方面,在与商帮文化的交融之中,汾酒文化也逐渐突破地域,获得了新的文化意义。

汾酒在全国范围的流行,从表面上看,是晋商开辟的黄金茶路给予了其渗透的机会,从更深层次看,则是晋商获得了全国范围内广泛的文化认同。布尔迪厄将经济学概念成功地运用于文化研究,提出了"文化资本"的概念,并指出文化资本主要以三种形式存在:一是在心智和身体的长期持续的性情中;二是在客观化的形式中,也就是在文化商品(绘画、书籍、词典、工具、机器等)的形式中;三是在制度化的形式中,也就是在客观化的形式中。[④]按照这种文化资本的划分标准,借用此概念来解释汾酒的流行,我们可以看出,以饮酒的形式来进行仪式的庆祝和契约的践行是文化

---

① [美]西敏司.甜与权力:糖在近代历史上的地位[M].朱健刚,王超,译.北京:商务印书馆,2010:125-126.

② 赵万里,王俊雅.趣味区隔与物质文化的流行——以汾型酒沿"黄金茶路"的扩散为例[J].山东社会科学,2021(2):122-127.

③ [美]罗伯特·C.尤林.陈年老窖:法国西南葡萄酒业合作社的民族志[M].何国强,魏乐平,译.昆明:云南大学出版社,2012:58.

④ [法]皮埃尔·布迪厄.资本的类型[M]//[美]马克·格兰诺维特,[瑞典]理查德·斯威德伯格,编著.经济生活中的社会学.瞿铁鹏,姜志辉,译.上海:上海人民出版社,2014:106.

资本的一种形式;而对汾酒的选择和青睐则是文化资本客观化的体现;最后,从制度化的视角来检视,帮助晋商取得成功的治理机制:两权分离制、顶身股、学徒制等制度无不体现其"信义为先"的文化资本。

在晋商内部,最为重要的文化资本即"恪守信义"。以讲信义、重承诺为前提,晋商独创了建立在地域或血缘关系基础上的伙计制,并在此基础上发展成为股份制(股俸制):将现号内已有资本或者是将要成立的商号预期资本划成若干份,按各自的情况予以分配额数(银股、身股),充分调动了员工的积极性。在信义的基础上,虽然具有地域限制:新员工的选拔必须是山西省人,且必须有家道殷实者作保,但允许普通员工顶身股,"有钱出钱,有力出力,出钱者为股东,出力者为伙计,东伙共而商之"的管理制度成了晋商人力资源管理的核心,也是其文化资本在经营管理方面的集中体现。注重信义的文化资本表现在汾酒商人中,则是聘用懂技术、讲信义的杨得龄等人为经理。通过明确所有权和经营权的分离,主要就是"财东自将资金全权委诸经理,系负无限责任,静候经理年终报告。平素营业方针,一切措施,毫不过问。每到例定账期(或三年,或四年,即决算期),由经理谒请,约日聚会,办理决算,凡扩充业务,赏罚同仁,处置红利,全由财东裁定执行"。财东主要负责业务的扩充和赏罚,具体的经营事宜主要是经理负责。尤其是对大掌柜有权有利。[1]在这种知人善任的基础上,懂技术、善经营的经理获得了自由经营的权力。

晋商兴起于"开中制"的实行,借助强大的交通运输网络、官商合作的契机、票号金融业的发展,获得了强大的经济资本。乡党团结的特色和对于官商关系的维护则构成了其得以成功的社会资本——借助所占有的持续性社会关系网把握社会资源和财富。晋商贾而好儒、交结权贵、长于应酬的特点使其拥有了广泛的社会资本,同时又通过关公的信仰崇拜,将宗

---

① 孔祥毅.晋商学[M].北京:经济科学出版社,2008:98.

法社会的乡里之谊彼此团结,并用会馆、行会形式维系,①完成了内部"队伍"的建设,而汾酒在其中发挥了不可磨灭的作用。通过经济资本、文化资本和社会资本的合力,汾酒从一种普通的饮品成为一种文化塑造(cultural elaboration)和阶层区隔的符号。②从汾酒的衍生品在全国的流行对此现象可见一斑。

开中制的边饷政策在打开北部市场以后,由于俄国市场对茶叶的大量需求,以两湖的汉口为基地贩卖茶叶,形成了"黄金茶路"。汉口同时也是山西商号、票号聚集最多的地区。如若按照区位因素划分晋商活动的商贸区,汉口同时隶属茶业区和金融区,并且扼守盐业区的交通要道。③而在汉口地区,曾一度流行"汉汾酒"。汉汾酒的制作据传有"北直帮"和"本帮"两大帮派。早在清宣统年以前,山西杏花村的汾酒就从北往南流传,湖北省不断有掌握山西汾酒技术的人来汉口开槽坊,并传播汾酒技术,在武汉三镇形成汾酒"北直帮",武汉各家汾酒槽坊为"本帮"。1947年汉口汾酒同业公会会员登记中,38家槽坊里就有25家为河北人所开。将山西杏花村汾酒制作工艺带到汉口的,是河北束鹿人李大有。辛集原名束鹿。据考证,辛集的酿酒业便是引进了山西酒酿法。④通过盐粮一体的商人开辟的茶路,汾酒也得以传播。

相传西凤酒的酿造即山西人董振荣为节省酿酒容器地缸费用的情况下,因陋就简、掘地为窖成就的一种香型。⑤随后,在清初"移民填川"政策下,"陕酒入川",籍贯陕西的镶黄旗年羹尧监理川陕两省总督时,安置陕

---

①　张正明,张舒.晋商兴衰史[M].太原:山西经济出版社,2010:128.

②　赵万里,王俊雅.趣味区隔与物质文化的流行——以汾型酒沿"黄金茶路"的扩散为例[J].山东社会科学,2021(2):122-127.

③　王尚义.论晋商商贸活动的地理区域划分及扩展机制[G]//张正明,主编.中国晋商研究史论.北京:人民出版社,2006:134.

④　汉汾酒(武汉)和束鹿帮(河北):汾酒在外地的传播 大有庆槽坊与汉汾酒[N/OL].(2013-5-30)[2019-4-11].https://jiu.ifeng.com/a/20180923/45178673_0.sht ml.

⑤　陕西省工业厅.西凤酒酿造[M].北京:轻工业出版社,1958:1.

西来的门生故旧,在酿酒、典当、盐井等方面投资,促进了四川白酒酿造的发展。其时四川当地流行有"皇帝开当铺,老陕坐柜台。盐井陕帮开,曲酒陕西来"①的民谣。该传说在技术上也得到了酿酒专家的认证,认为清香型酒的发酵和浓香型酒的发酵两者之间"并没有一条不可逾越的天然鸿沟",转化的条件在于对待土壤细菌的态度。② 乾隆十年(1745)贵州总督张广泗于整治赤水河,山陕盐商又来到茅台,川盐入黔,也把四川的酿酒方法带到了贵州茅台县,所谓"蜀盐走贵州,秦商聚茅台"。在山西盐商仿汾酒之法酿造烧酒,后经陕西盐商改良之后,茅台酒得以成功创制。③在茅台创制初期,曾经出现了"汾茅"字样的商标。④

在文化资本的作用下,汾酒地域文化的意义逐渐被消解,饮用汾酒成为一种"时尚"。齐美尔(Georg Simmel)认为:"一方面,就其作为模仿而言,时尚满足了社会依赖的需要;它把个体引向大家共同的轨道上。另一方面,它也满足了差别需要、差异倾向、变化和自我凸显。"⑤通过与晋商文化相结合,汾酒从一种物质变为一种符号,饮酒不但是祭祀、仪式等活动的需要,也通过作为文化资本的汾酒的暗示(connotation)(联想性的、富于感情色彩的),⑥汾酒逐渐在国内流行,并通过不同阶层之间的模仿,使得饮用汾酒具备了"不断生产的可能性"⑦。

① 王文清.汾酒源流:麹水清香[M].太原:山西经济出版社,2017:142.

② 赵迎路.浅谈发酵缸对汾酒发酵的影响[J].酿酒科技,1988(02):2-5.

③ 民国时期出版的《贵州经济》一书中,在第十二章《工商业调查》的第一节"饮食品之粗制与贩卖"中介绍了茅台酒的沿革:"在满清咸丰以前,有山西盐商某,来茅台地方,仿照汾酒制法,用小麦为曲药,以高粱为原料,酿造一种烧酒,后经陕西盐商宋某毛某,先后改良制法,以茅台为名,特称曰茅台酒。"(参考张肖梅.贵州经济[M].北京:中国国民经济研究所,1939:158.)

④ 赵万里,王俊雅.趣味区隔与物质文化的流行——以汾型酒沿"黄金茶路"的扩散为例[J].山东社会科学,2021(2):122-127.

⑤ [德]西美尔.金钱、性别、现代生活风格[M].刘小枫,选编.顾仁明,译.上海:华东师范大学出版社,2010:95.

⑥ 罗钢,王中忱,主编.消费文化读本[M].北京:中国社会科学出版社,2003:总序25.

⑦ [德]齐奥尔格·西美尔.时尚的哲学[M].费勇、吴晋,译.北京:文化艺术出版社,2001:92.

# 第四节　小结

　　清末民国时期,是汾酒技术文化风格形成的一个重要节点。在此期间,资本主义在中国刚刚萌芽,汾酒从过去的农户自饮自酿发展为带有商业性质的"前店后厂"的商铺。经济环境的转变打破了过去汾酒沿着单一线性方向发展的路径,为具有重商文化与诚信精神的山西社会提供了技术发展的驱动力。同时,激烈的市场竞争使得商家对技术进行更加深入的钻研,义泉泳在当时市场上的脱颖而出很大程度上是对于汾酒酿造"四个关键步骤"——"大曲固体发酵;采用较长的发酵期;清蒸二次;酒头回缸发酵"的坚持。

　　与此同时,民国年间,变动的政治环境也为技术的发展增添了不同于以往的文化含义。从原始积累的角度看,物展具有资本主义的批判性质,然而在内忧外患的民国时期,以汾酒为代表的民族产品在物展上的频频亮相,则具有民族主义的内涵。民族主义与消费主义的结合体通过视觉展览的形式将冲击达到了最大化,汾酒又具有了作为民族品牌新的内涵。在民族主义的作用下,汾酒企业的技术更加以严格标准界定,技术的发展迈向了一个更加成熟、稳定的阶段。

　　本章对于汾酒的分析,也是对物质文化理论在技术、文化领域的一种应用。正如布尔迪厄所说,任何表面看似轻松愉快的日常风格及品味,其实都暗含着复杂的阶级斗争。其中,日常饮食也作为"区分的特征而起作用,呈现出最基本的社会差别"①。本章通过晋商兴起对于汾型酒扩散的历史回顾,说明汾酒的文化塑造不仅受到地域文化的影响,还是不同技术

---

① [法]布尔迪厄.区分:判断力的社会批判[M].刘晖,译.北京:商务印书馆,2015:349.

和文化群体"斗争"的结果。正如鲍德里亚对于消费的看法:"消费是一个系统,它维护者符号秩序和组织完整:因此它既是一种道德(一种理想价值体系),也是一种沟通体系、一种交换结构。"①汾酒"清香型"风格的形成,表面上看是一种口感的趣味偏好,实际上是某群体文化塑造的结果。而该香型的流传或扩散,表面上是对口感的认可,实际上则跟不同阶层的"匹配"或"需求"关系更为紧密。

---

① [法]让·波德里亚.消费社会[M].刘成富,全志钢,译.南京:南京大学出版社,2006:48.

# 第五章

# 从汾型酒到汾酒的科学化和产业化

　　民国时期,在政治、文化、社会等多重因素作用下,汾酒技术文化风格逐渐得以定型。然而汾型酒的发展仍然较为零散,没有形成统一的规模。新中国的成立使得汾酒技术从战争中濒临灭绝的状况中得以恢复。从20世纪60年代开始,恢复包括白酒酿造在内的"传统民族工业"被提上了日程,汾酒酿造的技术原理被摸清,总结出许多沿用至今的可操作化经验。汾酒酿造技术得到了再定型和再发展。

　　同时,由于酒业在调节经济形态和产业结构的杠杆作用,[①]汾酒发展逐渐开始走向产业化的过程。"汾酒"从一种清香型白酒的地域或类型,发展成为特指的品牌名称。这种产业化的发展模式对传统技术的发展带来了新的机遇和挑战。与产业化相伴随,杏花村技术共同体也经历了一个历史形成和发展的历程。

---

　　①　王赛时.中国酒史(插图版)[M].济南:山东画报出版社,2018:1.

# 第一节　汾酒酿造的科学化
# 和品质标准的确定

如果说民国时期汾酒技术的定型主要倚靠的是晋商等资本商业利益的驱动,那么,新中国成立以来,推动汾酒酿造技术科学化的动力则是白酒的经济产业属性。在新中国成立初期,对于白酒的指导政策是"节粮增产",在这样的指导思想下,酿酒粮食得不到保障,显然不利于汾酒等名白酒的发展;此后,国家轻工部对于汾酒等名白酒进行技术的写实和查定,对汾酒的技术原理进行了揭示,大大推进了汾酒酿造技术的科学化发展;而汾酒集团对于汾酒企业标准的制定,使得汾酒的等级被确定,汾酒酿造向着更加专业化的方向发展。

## 一、"节粮增产"与汾酒科学化进程的曲折

20 世纪初期动荡的国内环境使得刚刚有所起步的酿酒业步履维艰。[①]在战火中,汾酒酿造技术险些失传。1948 年 7 月 12 日,汾阳全境解放。解放后的晋中地区与首都北京距离较近,成为政治用酒的备选之一。依靠距离政治中心较近的地理区位和领导人的个人偏好与革命情怀,汾酒生产在濒临失传的情况下重新焕发生机,并且获得了更加坚挺的发展根基。晋中区党委根据中央指示,派杨汉山、侯雪东二人回到杏花

---

① 以晋裕汾酒公司为例。1936 年公司人数已经发展至 54 人,其中酿酒工有 25 人。然而,1937 年七七事变爆发,公司被抢掠一空,被迫关闭。1943—1944 年,日军对粮食实行严格统制,晋裕公司断了原料,不得不停产,解雇了工人。1946 年春,阎锡山推行"兵农合一"暴政,土地荒芜,粮食锐减,人民挣扎在饥饿线上,汾酒的原料自难获得(参见季康.晋裕汾酒有限公司[M]//《汾酒通志》编纂委员会,编.汾酒通志:第 11 卷文献史料汇编.北京:中华书局,2015:711-713.)。

村,组织恢复汾酒生产。①

　　然而,由于我国的白酒酿造以粮食酿造为主,需要与日常三餐争粮,因此,在不同的历史时期,根据国家农业发展情况,政府对酒业政策的态度都不尽相同。新中国成立初期,我国经济刚刚起步,酿酒业在百废待兴中恢复,此时十分重视酿酒的政治性:如何节约粮食、提高出酒率,降低成本。在20世纪50年代出版的《白酒生产》一书中,开篇就提到了"将酒糟'取之于土,还之于土',有助于'农业元帅'作用的发挥"②的话题。在当时,围绕节约酿酒用粮、提高原料出酒率、推广粗粮及代用料酿酒等"节约增产"的课题,做了大量工作。《白酒生产》一书中,有这样的字句:

　　　　比喻说,从前做1斤酒要用4斤到5斤粮食。解放以后,在党的领导下,工人们不断提高技术,现在不到2斤薯干就能出1斤酒。按1959年计划年产白酒约1百万吨计算,就可以比从前节省粮食1百万吨。③

　　用简明通俗的语言将国家指令普及给广大的酿酒厂商和酿酒工人。在"节粮"与"增产"的指导思想下,在原料选取方面,广泛开辟原料来源,以野生植物代替粮食,并充分利用薯类和工农业副产品、下脚料为国家节约大宗粮食。④1955年,原地方工业部将烟台酿制白酒经验进行了总结,并成书《烟台酿酒操作法》。此操作法经被全国推广,对于出酒率的提高,

---

①　1949年2月,晋中军分区派靳汝明等4名干部来到杏花村,利用原"德厚成"旧厂址,建立晋泉公酒厂。5月20日,山西省人民政府以1.76万元购买了晋裕公司和"德厚成"全部设备,并将"义泉泳"和晋泉公酒厂两厂合并,于6月1日成立国营杏花村汾酒厂,成为杏花村汾酒股份有限公司的雏形。(参见《汾酒通志》编纂文员会,编.汾酒通志:第3卷汾酒史略[M].北京:中华书局,2015:118.)
②　周恒刚.白酒生产[M].北京:轻工业出版社,1959:25.
③　周恒刚.白酒生产[M].北京:轻工业出版社,1959:3.
④　周恒刚,编著.白酒生产工艺学[M].北京:轻工业出版社,1982:21-22.

节约粮食、增加积累起到了重要的作用。①烟台白酒操作法的要点主要有:采用麸曲和酒母,并且合理配料,低温入窖,定温蒸烧。②1955年烟台试点后,向全国推广人工培养酒母,提高出酒率,并相应地缩短了发酵周期。③

烟台酿酒操作法的推广确实符合当时的国情,对于普通白酒来说,也具有积极的意义。但是以烟台酿酒操作法为代表,通过"广辟原料来源""推广麸曲""缩短发酵周期"等措施来节粮增产,生产白酒的思路对于汾酒等名酒的实际生产带来了明显的影响和不良后果。④1962年7月,中央轻工业部评定12种国家名酒和地方名酒时,汾酒受到了严厉批评。究其原因,主要是在"节粮增产"的指导思想下,原料的替换、生产率的过分追求使得传统的酿造技术被盲目篡改。

> 1958年大跃进的教训,……那时候,汾酒的生产原料是'瓜菜代',用小麦代替大麦,用高粱壳代替谷糠,不讲生产工艺了,新工人不培训就上岗,产量却一下子增加了好几倍,质量掉到了谷底,差点儿把这个名牌给葬送了。⑤

> 从(19)61年以来,豌豆供应完全得不到保证,是以小豆、黑豆、菜豆、黄豆等杂豆代替,影响了曲的质量,而曲的好坏直接决定了汾酒的芳香味。因此,汾酒芳香味短。其次,辅助材料谷糠由于供应困难,改用了稻糠、麦糠、谷秩等,并由于这些辅助材料,质量次、带有霉

---

① 轻工业出版社,编.烟台白酒酿制操作法[M].北京:轻工业出版社,1964:1.
② 周恒刚,编著.白酒生产工艺学[M].北京:轻工业出版社,1982:152.
③ 周恒刚,编著.白酒生产工艺学[M].北京:轻工业出版社,1982:106.
④ 赵万里,王俊雅.技能传承中的身体嵌入——以汾酒酿造的身体技术实践为例[J].自然辩证法研究,2020,36(11):46-53.
⑤ 郭靖.汾酒事业的拓开者[G]//文景明,柳静安,编.杏花村文集:第1集1933—1989.北京:北京出版社,1992:442.

烂、泥土等杂质,致使汾酒中有异味。[①]

除了"瓜菜代"以外,许多传统操作经验"有的改坏了,有的丢掉了";1956年盲目推广外地经验,加大水分,加大用曲量,违反了汾酒生产的特殊规律,破坏了汾酒生产固有的工艺;[②]传统汾酒生产采用地缸发酵,然而该时期却采用地缸池子两种发酵方式,产量大增却质量下降;传统汾酒生产讲究时效,为了保证口感夏季不生产,然而为了提高产量一年四季不间断生产,还缩短了发酵时间,虽然产量大幅提升,但是质量严重下降。汾酒生产工艺采用"清蒸二次清",二次清后剩余所得即为"酒糟",然而在这一时期还采用了"三次清糟法",1954年7月2日的《山西日报》对此操作还以"为国家节省粮食"为由进行了正面报道,文中说道:

> 两次清糟烧酒改成了三次,每斤酒可节省五两高粱。以全厂五班计算,全年可给国家节省高粱37万5千斤,价值2亿6千250万元。[③]

对于产量的片面追求严重破坏了汾酒的传统酿造技艺,汾酒的发展遇到了空前的挑战。

---

① 山西省轻工业厅.关于保证汾酒、竹叶青酒用原材料品种和质量的请示[M]//《汾酒通志》编纂文员会,编.汾酒通志:第11卷文献史料汇编.北京:中华书局,2015:741.
② 山西省轻工业厅.杏花村汾酒厂在三大革命中阔步前进:山西省轻化工业厅党组工作组《考察报告》(摘要)[M]//《汾酒通志》编纂文员会,编.汾酒通志:第11卷文献史料汇编.北京:中华书局,2015:742.
③ 冀学全.三次清糟多出汾酒[G]//文景明,柳静安,编.杏花村文集:第1集 1933-1989.北京:北京出版社,1992:152.

## 二、名白酒"写实"：对汾酒的科学解读

20 世纪五六十年代，在国家"节约增产"的指导思想下，汾酒厂盲目引进技术，对汾酒酿造技术造成了短暂倒退。而同样在 60 年代，由轻工部和商业部分别组织了对茅台酒、汾酒和浓香型酒的试点，对名酒的传统工艺在原有基础上进行科学的鉴别和总结，通过科学手段对白酒技术实践进行的试点研究实现了白酒酿造技术在认识上的科学性飞跃。

对名白酒写实工作的开展，实际上是 1956 年国家科委制定的 12 年长远科学技术发展规划中的一部分，在规划中，将"保证名酒的质量"等提高民族传统特产食品的发展作为"发扬我国的民族遗产"的重要内容。针对同时期，"大跃进"的盲目扩大产量的指导思想使得名白酒的酿造技术被破坏倒退（1963 年第二次评酒时，汾酒、茅台的排名都有所落后的情况），再加上酒的需求量增大后，导致储存期变短，酒质变差的问题，这次写实工作显得格外及时和重要。有学者在研究紫砂壶技艺在江苏丁蜀镇的发展中，认为在 20 世纪五六十年代，国家意识形态层面的"集体引入的共享精神"决定了实践知识的传播路径，促进了共享知识的传播。正是基于"将手工艺改造成现代工业"这一目标，促成了紫砂壶技艺更大规模的发展。①这一时期汾酒技术的发展也印证了国家"集体主义"的力量。

1964 年 2 月至 1965 年 5 月，轻工部的领导、汾酒厂的厂长和技术员及山西省轻工业厅、轻工业公司等来自不同单位、不同职位的人员组成"总结提高汾酒生产经验试点工作组"，进行了大量的生产写实和技术查定工作，对汾酒厂代代相传、口倒口、手传手的操作经验进行了系统的整

---

① Gowlland, Geoffrey. "Learning Craft Skills in China/ Apprenticeship and Social Capital in an Artisan Community of Practice." *Anthropology & Education Quarterly*, vol. 43, no. 4, 2012, pp. 358-371.

理,初步揭示了汾酒的一些生产规律。①

　　具体来说,这次试点工作的任务主要分为以下四个阶段性任务:第一阶段是奠定汾酒实验基础,狠抓第一手资料,为发展汾酒科学提供有利条件。具体来说,制定了如下三项任务:①对汾酒产品进行质量定型。在总结现行汾酒质量的基础上,通过分析、品评和试验等工作,把汾酒产品质量定型下来,包括汾酒感官质量标准和理化质量标准。②总结出提高汾酒生产工艺,通过逐道工序的现场生产写实、分析测定和科学试验等工作,提出一个比较先进、科学、完整的汾酒生产工艺,并符合物美价廉的原则。③制订出一套比较完整的科学检验方法,包括感官质量的品评法和理化指标的分析法等。②

　　根据试点工作方案,确定了具体的研究对象,包括以下几个方面:伏曲生产写实、汾酒酿造写实、汾酒酿造过程中各种物料的化学分析方法的研究、汾酒芳香成分研究、汾酒质量和评酒方法的研究、汾酒勾兑方法的研究、汾酒大曲特性的生化研究、培养生香菌种进行酿酒试验、几种大曲酿酒对比试验、酿酒工艺试验等。根据试点工作方案,在组织上划分为分析、工艺、微生物、试验、成品 5 个专业小组,每个专业组又细分为若干个试验小组展开工作。

　　在这一阶段,首先制定了关于汾酒酿造的化学分析法。这一分析法共分为十二章,总共约二十三万五千字,从原料分析、曲坯及大曲分析、酒醅分析、成品酒分析、色层分析法在汾酒工业中的应用、酒糟分析、酿造用水和加浆用水分析等方面全面制定了汾酒的化学分析方法。这套方法的建立花费了一年多的时间,投入了数量庞大的人力,为后续研究奠定了坚

---

① 资料来源:轻工部.批复汾酒试点工作方案及工作计划的函[R].汾酒集团档案馆内部资料。
② 轻工部.批复汾酒试点工作方案及工作计划的函[A].汾阳:汾酒档案馆,1964.

实基础。①运用这套方法,分析小组在一年内完成了下列分析化验任务,取得了大量的科学数据(见表5.1)。

表5.1 分析小组化验任务完成情况

| 项目 | 试样(单位:个) | 数据(单位:个) |
|---|---|---|
| 原料分析 | 33 | 329 |
| 曲坯及大曲分析 | 143 | 1398 |
| 酒醅分析 | 422 | 1949 |
| 成品酒分析 | 174 | 3389 |
| 合计 | 772 | 7065 |

其次,这一阶段汾酒试点工作组通过现场调查研究,采用感官尝评比较,理化分析检验的方法,草拟了一个汾酒产品质量定性研究初步报告。列出了两种感官指标:入库汾酒的感官指标和出厂汾酒的感官指标。其中,对于入库汾酒,建立了"四度分级法",四度系指:①酒精度,②总酸度,③导电度,④氧化度。同时,草拟了汾酒的评酒方法:采用国际上通行的一些概念,结合我国白酒的情况,就感官尝评指标划分为色、香、味和风格四个范畴,建立了汾酒品质尝评法初稿。另外,观察了汾酒酿造微生物的发展过程,分离、筛选、鉴定了有关的重要菌株。发现微生物的主要来源是曲房空气、制曲用具、大麦和豌豆原料及谷糠、芦苇等。并从汾酒大曲和酒醅中筛选出酶活性强,产酯和产酸量大的菌株。确定了菌株有20个属,31个种。其中,酵母7个属,霉菌5个属,细菌8个属。

对于汾酒酿造来说,从原料处理、大曲制造、酿造发酵、蒸馏出酒、贮存老熟、勾兑配酒、装甄出厂,这一系列具体作业内容也就是汾酒科学的

---

① 秦含章.大搞现场科学实验,促进汾酒生产高潮(摘编)[M]//《汾酒通志》编纂文员会.汾酒通志:第13卷论文选读.北京:中华书局,2015:1204.

内容;而从科学的角度来鉴定,其中既包括了分析化学的内容,也包括了微生物学的内容,这些实践和各学科相综合的内容,被实验小组总称为"汾酒科学"来进行系统深入的研究。①

第二阶段,主要围绕汾酒的伏曲制作,进行写实工作。恢复了大曲的品种,比较了伏曲的酿酒性能。对于"清茬曲""红心曲""后火曲"三类大曲品种的研究发现,三种大曲的生产,在原料、配料、粉碎、踩制、翻曲等过程的步骤大致相同,只在加水量、培养温度、操作条件上有所区别。在写实工作中,初步摸到了提高伏曲质量的决定性经验,即在大曲生产中要掌握好潮火、后火两个环节。这样一来,大曲生产从过去的"靠天吃饭"发展为人工控制。同时,初步摸到了汾酒厂制曲过程和贮曲过程中化学成分变化和微生物消长的规律。

通过伏曲酿酒的对比实验,找出了三种大曲"分别制造,混合使用"的用曲规律,三种大曲的混合比例,以清茬曲 3、后火曲 4、红心曲 3(即 3:4:3)较好。如果适当地多用后火曲,少用红心曲,产品质量可能会更好一些。

第三阶段,集中精力进行了酿酒写实的工作,建立了一套比较先进的酿酒工艺。具体来说,在写实工作中,狠抓发酵温度变化,摸清了从头到尾的变化规律,划出了各种各样的温度曲线。可以说,汾酒生产依靠的是微生物的活动,温度是其中最主要的因素,如何摸清发酵温度,控制发酵温度,是总结汾酒生产经验的关键问题。

在具体的工作中,设计创制了"曲醅多点温度遥测仪",用来追踪汾酒地缸发酵各方面的温度,是这次酿酒写实的一项突出成就。②在写实工作

---

① 秦含章.大搞现场科学实验,促进汾酒生产高潮(摘编)[M]//《汾酒通志》编纂文员会.汾酒通志:第13卷论文选读.北京:中华书局,2015:1206.

② 秦含章.大搞现场科学实验,促进汾酒生产高潮(摘编)[M]//《汾酒通志》编纂文员会.汾酒通志:第13卷论文选读.北京:中华书局,2015:1207.

中,关于用曲,主要有如下几点发现:①从淀粉出酒率看,混合用曲的淀粉出酒率约比其他三种用曲要高 0.27%~2.07%,其次是清茬曲与后火曲,红心曲最低;②从成品酒的质量看,也是混合用曲最佳,具有醇和、回甜、爽口、清香正、回味长等特点;③从品评结果看,混合用曲的得分也最高(大楂91 分,二楂90分),其他大曲的顺序是后火曲、清茬曲、红心曲。

关于汾酒与其他名白酒的独特之处,研究组从感官特征、四度分级指标及成品酒的组成三个方面来说明(见表 5.2)。

表5.2　汾酒与其他名白酒的主要区别

| 评价方面 | 典型特征 |
| --- | --- |
| 感官特征 | 入口绵、落口甜、清香不冲鼻、饮后有余香 |
| 四度分级指标 | 与其他名酒不同(数据略) |
| 成品酒的组成成分 | 以醋酸乙酯为主的苹果香型,杂质少,很卫生 |

第四阶段,围绕提高汾酒质量的目标,找到了增强汾酒香味的四种具体措施,即回醅发酵、回糟发酵、回糁发酵、加香醅蒸酒。第四阶段的研究主要是在保持汾酒独特风格和现有工艺的基础上,进一步提升汾酒的香气,使得汾酒质量精益求精。因此,在试点工作开始时,就成立了实验小组,在古井亭老厂进行了一系列增香措施的实验研究工作。除此之外,还解决了当时汾酒出现的蓝黑色沉淀问题和白色沉淀问题,试制了人工合成汾酒原体。

在这一阶段,对汾酒的香味物质和成分也进行了分析。针对汾酒当中芳香性能的化学物质:高级醇类、总酯、中性酯类、醋酸乙酯、酸性酯类、乙醛、乙缩醛(或称乙醛酸二乙酸)等进行了分析,发现汾酒香味的主要物质是酯类(或称总酯),酯类包括中性酯类和酸性酯类。汾酒的中性酯类占汾酒总酯的大约 80%,酸性酯类占 20% 左右,而醋酸乙酯则占中性酯类的 80% 左右。由此可知,汾酒的主要香型为醋酸乙酯,即苹果香气。

根据试点组的试验成果,认为我国白酒的香型可分为淡香型和浓香型两种,汾酒是淡香型的代表。[①]

值得注意的是,汾酒技术查定的顺利开展与当时集体主义和共享主义的政治背景分不开。专家在工作中,要首先选出一个或两个"五好生产小组",基于小组的生产实践,在完全掌握酿造汾酒的生产工艺要点后才能稳定操作、进行试点;然后还要调查大生产近年来提高汾酒质量的先进经验,在生产写实时进行总结;最后再写实方法,小结后研究确定。[②]在计划经济时期的背景下,来自不同单位、不同职位的人员组成工作组,进行了大量的生产写实和技术查定工作,专家与工人同吃同住(居住在汾酒厂的 2 号窖洞),研究与工作同步展开,汾酒技术的神秘面纱才可以揭开。可以说,汾酒技术的科学化工作不是来自技术专家"自上而下"的研究,而是在集体主义背景下专家与一线酿酒工人共同努力的结果。

总之,经过这次写实工作,总结出在汾酒用曲方面:汾酒大曲是低温曲的典型代表,采用大麦、豌豆制成,并对三种曲分别阐述;在酿造方面:汾酒酿造采用的是"清蒸二次清""地缸、固态分离发酵法"。在酿造的过程中要特别注意狠抓原料粉碎度,对于高温润糁条件、蒸糁要求、入缸条件都进行了严格的规定,总结出了"前缓、中挺、后缓落"[③]的发酵规律。该次技术查定找到了提高汾酒质量的技术途径,对汾酒香型摸清了构酒关系——"淡香"型酒,并且建立了感官品评的尝评法。此后,汾酒酿造工艺基本延续此次试点的结果进一步细化和深入,基本没有发生比较大的变革。总之,这次试点工作的开展可谓将过去依靠经验、"靠天吃饭"的酿酒

---

① 秦含章.大搞现场科学实验,促进汾酒生产高潮(摘编)[M]//《汾酒通志》编纂文员会.汾酒通志:第13卷论文选读.北京:中华书局,2015:1209.

② 总结提高汾酒生产经验试点工作组各专业小组主要项目工作计划(平衡稿)[A].汾阳:汾酒档案馆,1976.

③ 李大和,主编.白酒酿造培训教程:白酒酿造工、酿酒师、品酒师[M].北京:中国轻工业出版社,2013:64.

活动变得更加科学和可控,使得汾酒酿造朝着更加科学化、统一化的方向迈进,具有里程碑式的意义。

## 三、品质标准制定和更新:汾酒等级的形成

1964 年国家轻工部在汾酒厂进行的汾酒写实工作对于汾酒的发展具有深远意义。同时,对于汾酒厂本身来说,也指导他们在今后的生产中"有理论标准"可依。这次的写实工作给汾酒厂的发展带来了新的启示:汾酒的发展不仅要埋头于生产,也要对生产背后的原理摸清、标准确定,从而更好地指导具体的生产工作。其实早在 1964 年国家轻工部进驻之前,1961 年汾酒厂就首次设立了化验室,1962 年升级为技术研究室,进行化验分析、试验研究,对酿酒、制曲、成装、机电、供销等车间和部门进行技术检查监督,对原材料、半成品、再制品,进行质量品尝、外观检查和生产技术研究,对工艺规程、操作方法的执行情况进行监督检查。2002 年,国家级的技术中心成立,围绕自动化生产、新工艺降低成本试验、以传统工艺为基础,提升原酒质量等主题展开大量的实验研究。

笔者曾与汾酒厂技术中心的相关工作人员进行非结构性访谈,请其围绕"汾酒厂与其他酒厂之间具有怎样的不同之处?"展开论述,她认为,二者之间的不同主要体现在两个方面,一是"小环境不同"。汾酒厂所建之处是过去老字号世世代代酿酒的地方,微生物经历了万年的繁衍,已经形成有利于酿酒的菌群,虽然"一墙之隔",然而差距明显;二是"质量控制"和"标准细化"。主要体现在"不希望出酒率太高",以"优质为主"。技术中心人员从自然和人文两方面的因素解释了汾酒厂与其他小酒厂的不同。然而据笔者了解到,如今汾酒厂酿酒车间所建之地已经经历了六次扩建,除此之外,据当地人反映,其实最初酿出蜚声国际的"老白汾"的"宝泉益"老作坊并不是如今的汾酒厂所在地(位属西堡村),而是位于杏花村

的东堡村。<sup>①</sup>由此可见,产品的稳定性和标准的细致化是形成汾酒厂出产汾酒与杏花村产出的其他清香型白酒的重要区别之一。

为增强产品的质量和稳定性,一方面要进行硬件的强化和升级。笔者分别在汾酒厂、汾阳王酒厂和普通的乡镇小厂进行生产操作环节的考察,发现在酿造过程中基本的环节几个不同级别的厂家都大同小异:都经历了从原粮粉碎、高温润糁、清蒸糊化、冷散加曲、入缸发酵,再到装甑蒸馏。然而在这些步骤的具体操作中,又潜藏着巨大的差异。如在冷散加曲的阶段,一些小酒厂由于缺乏资金,采用过去落后的鼓吹机进行扬冷处理,在过程中难免产生一些卫生问题;在入缸发酵阶段,为了保温要对发酵缸进行封缸的操作。汾酒厂现在普遍采用棉被进行保温的措施,一些小酒厂仍然采用稻草或塑料布来进行保温;汾酒厂现在采用了硬质地面用来散热,一些小酒厂仍沿用过去的水泥材料等,不一而足。

利用先进的机器操作及材料改进,汾酒厂的生产更加卫生和安全,因而使得生产的酒质也更加优质和稳定。同时,我们也要看到,一些标准的制定看似是向着更加标准化的方向发展,实则也是对现实条件的妥协。过去,在发酵环节,将酒醅入地缸后,用石页将地缸封住,然后在其上铺满麦糠,酿酒工的一项重要任务就是将1米多高的麦糠用双脚踩踏。当温度不够的时候,通过踩麦糠的形式实现升温,保证发酵的温度;当温度过高、发酵过于剧烈的时候,用钢叉将麦子挑开,实现降温。20世纪90年代末,由于当地不产小麦,往往需要从晋南等地区专门运输,成本较高,再加上人工踩糠给酿酒工带来了很大的劳动成本,另外踩麦糠也存在粉尘污染、卫生问题等安全上的隐患,后来逐渐改换成将缸口封上一层塑料膜,盖上石页,然后用保温被的方法来保温。工艺的变迁不是一蹴而就

----

① 在访谈中,笔者了解到,汾酒厂建厂之初,本想落户东堡村,然而由于双方对于征地赔偿等事项没有谈妥,因此选择了次之的西堡村作为原始汾酒厂的厂址。

的。刚开始换的保温被是型号较小的保温被,然后也在上面进行踩踏,但是保温被反而被踩出空隙,后又改换成大保温被在上、小保温被在下的方法,干脆将踩踏的工序省去。保温被胜在原料易获取、材料干净,但是它的作用比较单一,只能发挥保温的作用,缺少了升温或降温的调节作用。所以,汾酒厂拥有了制定标准的能力,但标准背后的衡量或隐患也被渐渐隐去,长此以往,标准的效力就愈加具有可信性。

在1989年出台的《山西杏花村汾酒厂企业标准(内控)》文件中,对于高度汾酒、中度汾酒和低度汾酒的色泽、香气、口味和风格都有不同的认定标准,在标准最后特别"附加说明":"本标准由山西省轻工业厅提出","本标准由山西杏花村汾酒厂负责起草"。可见汾酒厂在制定标准方面的重要地位(见表5.3)。

表5.3　1989年厂企业标准对汾酒和汾特佳酒不同的感官要求

| 品种 | 项目 | | | |
| --- | --- | --- | --- | --- |
| | 色泽 | 香气 | 口味 | 风格 |
| 65度<br>60度<br>55度<br>汾酒 | 无色、清亮透明、无悬浮物、无沉淀 | 清香纯正,具有乙酸乙酯为主体的清雅协调的复合香气 | 口感柔和,绵甜爽净,自然协调,余味悠长 | 具有清香型酒的独特风格 |
| 53度汾酒 | 无色、清亮透明、无悬浮物、无沉淀 | 清香纯正,优雅具有乙酸乙酯为主体的清雅协调的复合香气 | 口感柔和,绵甜爽净,酒体协调,余味悠长 | 具有本品的独特风格 |
| 48度汾酒 | 无色、清亮透明、无悬浮物、无沉淀 | 清香纯正 | 绵软、较甜、爽净、余味较长 | 具有本品的独特风格 |
| 汾特佳酒(38度汾酒) | 无色、清亮透明、无沉淀 | 清香纯正优雅 | 绵甜、柔和、爽净、酒体协调 | 具有清香型低度酒的典型风格 |

另一方面,汾酒厂通过在生产过程中,将每一环节拆解,实现对于生产要素的精准掌握。例如在制曲中,对于每种曲块的摆放、调整都有精准的规定,从而实现制曲工作的顺利开展。流行于大曲车间的《大曲生产操作要领》中对翻曲动作、开关窗的时机、翻曲的数量等都有明确规定;在装甑时,也要遵循"两干一湿、两小一大、缓火蒸馏、大气追尾、掐头去尾"的规定。

2020 年汾酒厂实施了从技术追溯系统,每个酿酒工人在每次的投粮、润糁、装甑等过程中,都要如实填写材料情况、温度情况、加水情况等信息,使得整个酿造乃至贮存、成装的过程全程可追溯。这样的规定对于实现不同环节的标准化生产具有重要的意义。然而同时也存在一定的问题:对于各个工序的严格划定,使得在以前从原粮粉碎、制曲到酿造的全能型工匠逐渐减少,人们只专注于自身环节有限的工作;并且由于对每个环节的参数都有严格的控制,酿酒的"艺术性"特质或者说"实验性质"被降至最低。然而从总体上来看,通过对标准的制定和分工的细化,汾酒厂将自身所产清香型白酒进行了汾酒优质等级的划分。从长远眼光来看,通过较高等级的制定,带动了杏花村整个地区汾酒酿造产业的发展。

## 第二节　地方政府对汾酒产业化的推动

过去,在官场流行一句俗语:"当好县长,办好酒厂",体现了作为一项经济产业的酿酒业在吸纳劳动力、产生经济附加值、刺激消费、拉动经济等方面的"常用杠杆"作用。[1]20 世纪 80 年代,国家大规模发展乡镇企业,在这一时期"快曲酒"的制作方法在当地快速传播,为汾酒的产业化发

---

① 王赛时.中国酒史(插图版)[M].济南:山东画报出版社,2018.

展提供了条件;同时,汾酒厂的扩建和汾酒产业园区的规划,也加速了汾酒产业化的进程。

## 一、酒业政策的弛禁与汾酒的产业化

尽管在杏花村,明清时期就已经形成"酿酒为世业"的传统,然而其时酿酒仍然是一种家族传承式的技艺,发展仍然比较脆弱、不堪一击。经历了 20 世纪初期连年战争的摧残,到新中国成立初期,酿酒工具已经只剩片瓦、酿酒人才也难觅,汾酒酿造技术几近中断。1949 年,出于"保护民族工业"的政治考量和增加地方利税的经济决策,汾酒厂得以在过去老字号的基础上建成。

从新中国成立初期一直到 1959 年,在计划经济体制下,由于当时国家粮食紧缺,因此对于私有经济持打压的态度,只有汾酒厂一花独放。具体来说,国家对私营酒的态度是:严禁投机商人违反国家专卖政策私烧酒类,进行"黑市"销售。此时的政策十分严格,为阻止有人对粮食投机、抬高粮食价格、加大造酒成本,国家甚至组织缉私队进行私酒的清查来整顿白酒市场。[①]因此,出于对国家粮食储备和经济建设的考虑,酒类的发展受到一定的限制,汾酒技术在地域的发展也仅限于公有的汾酒厂的发展。

从 1959 年开始,中央又提出了社队企业就地取材,就地生产,为农业生产和社员生活服务、为大工业和出口服务的"二就四为"原则,20 世纪 60 年代又加上"就地销售",强调农村工业在农村社会经济活动中的内部循环和对于城市工业的附属地位,一直到 70 年代,这一政策也基本未变。[②]因此,对私营酿酒的管控也有所放松。在这样的政策下,1954 年由

---

① 刘集贤,文景明.杏花村里酒如泉:山西汾酒史话[M].太原:山西人民出版社,1978:82.
② 陆大道,等.中国工业布局的理论与实践[M].北京:科学出版社,1990:167.

三家酿酒小厂和作坊整合而成的汾阳县公私合营综合食品厂也开始生产白酒,年产 120 吨散酒。1972 年又改为汾阳县地方国营酒厂,年产白酒规模扩大到 600 吨,并且有了自己的品牌"文峰塔牌"。

20 世纪 80 年代,酿酒政策进一步放开。由于产能不足,1984—1985年,国家甚至开始提倡酿造"麸曲酒"代替原有名酒的个体烧锅,形成了"家家做酒,村村冒烟"的局面。麸曲酒,又称为"快曲酒",即用来作为糖化发酵剂的大曲不是传统汾酒酿造中采用的清茬曲、红心曲和后火曲三种汾酒专用大曲的混合,而是自家制作或者从别处购买的"快曲"。"曲为酒之骨",曲的好坏对于酒质和口感的意义不言而喻。快曲酒不仅采用不合格的曲来进行糖化发酵,而且在酿造的做法上也没有按照传统汾酒生产的规律,而是采用较长的发酵期。酒的发酵环节在生产过程中至关重要:微生物在其中充分进行作用,从而对于不同的物质进行分解,产生层次丰富的口感,"地缸发酵"的传统工艺是保持汾酒独特风味的重要一环。而快曲酒在"大水泥地发酵",时间也缩短到"七八天",用这样的方式生产的酒酒味不足,自然也不用"勾兑"和"贮存"。①

麸曲酒的发展是当时特殊的时代背景下的产物。在当时的时代背景下,"搭台子唱戏"之风刮遍山西全省,乃至波及全国,只要能扩大产能,实现创收,就不能挫败农民的积极性。在这种社会风气之下,麸曲酒的发展也成为一种潮流。村民利用自己在汾酒厂学到的技术经验,在政府的号召下发展快曲酒,从地域产业发展的角度来看,也有利有弊。一方面,通过"家家做酒,村村冒烟"的麸曲酒的推广,汾酒酿造技术在杏花村乃至汾阳地区得到很大程度的普及,杏花村"技术共同体"的面貌得以进一步形成。在麸曲酒广泛推广之前,当地居民对于杏花村善于酿酒的认知多停

---

① 周宗奇.无畏的人[A]//文景明,柳静安.杏花村文集:第1集(1933—1989)[C].北京:北京出版社,1992:688-689.

留在历史、文化等方面的感性认识,而通过对于技术的培训和掌握,酿酒技术逐渐存在于人与人之间,人与工具、环境、组织之间的技术关联域当中;并且,通过与外部地区的划分,地域的边界更为清晰,加深了对于共同体的情感认同。另一方面,麸曲酒的推广使得当地居民对于汾酒技术的认识停留在一个比较肤浅的层面,甚至对于酿酒技术的理解出现了偏差,更倾向于将酿酒技术阐释为自然决定论,认为凡是产自杏花村地域的清香型白酒都具有优秀白酒的性质,而忽略了背后对于技术要求的严格遵守和把控。这样的认识使得汾酒产业常常出现市场上鱼龙混杂的局面,为汾酒的进一步发展埋下了隐患。

20世纪80年代,除了鼓励私人开锅酿酒,乡镇企业也得到了很大程度的发展。1985年,我国计划经济体制下的"统购统销体制"被"合同订购"和下达"订购任务"的方式所取代,同时中央对于乡镇经济的发展提出了"充分利用当地资源,以发挥自己的优势"①的号召。在汾阳,从1984年起,由镇政府主导,成立了镇办汾杏酒厂、汾杏一分厂、宝杏酒厂和杏花东堡村的村办"东杏酒厂",结束了此前汾酒厂"一花独放"的局面。同年,汾酒厂厂长常贵明与面临停产的方山县大武酒厂签订了优质白酒的联营协议,按照"技术上帮助,质量上把关,产品上联销"的原则派出工程师、技师、老工人等帮助改造,共同发展,先后同方山县、孝义县、文水县、汾阳县、交城县、武乡县等酒厂搞了优质白酒联营。②可以说,汾酒的发展在经历了20世纪70年代的短暂回落之后,又经历了长足的发展,尤其是80年代"乡镇企业"和"家户烧锅"的放开,汾酒酿造业一跃成为当地最为重要的支柱产业,1985年在汾阳工业产值情况中,"食品酿造工业"在全行业产值中的比例达到了50.3%,占据了当地工业产值的半壁江山(见

---

① 陆大道.中国工业布局的理论与实践[M].北京:科学出版社,1990:167.
② 杨贵云,王珂君.中国名酒:汾酒(下卷).北京:中央文献出版社,2013:4.

表 5.4)。

表5.4　汾阳部分年份工业产值情况①
（以工业总产值为 100）　　　　单位：%

| 年份 | 纺织缝纫皮革工业 | 文教日用品工业 | 机械制造工业 | 煤炭工业 | 化学工业 | 建材工业 | 食品酿造工业 | 其他工业 |
|---|---|---|---|---|---|---|---|---|
| 1960 | 30.7 | 1.5 | 21.6 | 5.3 | 4.2 | 0.1 | 25.7 | 10.9 |
| 1965 | 28.0 | 0.1 | 41.7 | 2.1 | 1.4 | 0.0 | 23.4 | 3.3 |
| 1970 | 11.9 | 0.3 | 65.0 | 1.8 | 9.1 | 0.0 | 9.8 | 2.1 |
| 1975 | 8.5 | 1.1 | 48.4 | 2.1 | 14.3 | 0.7 | 22.6 | 2.3 |
| 1980 | 10.1 | 3.4 | 32.6 | 4.2 | 17.2 | 2.2 | 28.5 | 1.8 |
| 1985 | 7.5 | 4.7 | 20.9 | 3.9 | 7.3 | 5.4 | 50.3 | 0.0 |
| 1990 | 2.7 | 0.3 | 5.2 | 6.0 | 3.5 | 2.0 | 48.8 | 31.5 |

## 二、"园区扩建—招工补偿"政策对汾酒产业的推动

近年来山西省省长楼阳生提出"康养山西、夏养山西"的论述，认为要"在大健康、大康养、大文旅深度融合、竞相发展的格局下，着力打造富有山西特色的康养事业、康养产业，以康养助推高质量转型发展、人民高品质生活"②。在此背景下，汾酒作为健康白酒的代表，更是受到了十分的重视。围绕"白酒酿造"这个主题，借助"杏花村"的知名文化意象，建立集"世界蒸馏型白酒特色产区""国家清香型白酒生产基地""酒文化旅游最佳目的地""产业转型升级示范小城镇"为一体的"杏花村特色小镇"，成为汾阳市政府的一项重要工作内容。

---

① 表格来源：刘锡仁，王希良，主编；汾阳县志编纂委员会，编.汾阳县志：第4卷经济综述[M].北京：海潮出版社，1998：122.

② 楼阳生：康养山西 夏养山西[N/OL].http://www.sx.xinhuanet.com/2020-09/22/c_1126523020.htm（2020-9-22）[2020-11-24].

据汾阳市统计局统计,2019 年,该市规模以上白酒制造业企业共 4 家,分别是山西杏花村汾酒集团有限责任公司、山西青花瓷酒厂股份有限公司、山西杏花村汾杏酒厂股份有限公司、山西汾阳王酒业有限责任公司。[①]其中,汾酒集团总产值占到了汾阳地区白酒产业总产值的 96.72%,产量占到了区域白酒总量的 80.89%,而汾酒集团营销收入在汾阳地区白酒营销收入中占比也高达 95.44%(见表 5.5)。可以说,汾酒集团在整个汾阳地区的白酒产业中占据了绝对优势。

表5.5　汾阳地区2019年1—12月白酒产业情况[②]

| 收入产值 | 汾阳地区白酒产业情况 | | | 汾酒集团情况 | |
|---|---|---|---|---|---|
| | 数值 | 同比增长情况(百分比) | 占规模以上情况(百分比) | 数值 | 同比增长情况(百分比) |
| 总产值(亿元) | 153.8 | 35 | 65.5 | 148.76 | 34.1 |
| 增加值(亿元) | 102.4 | 32.4 | 77.8 | | |
| 白酒产量(万千升) | 15.44 | 17.1 | | 12.49 | |
| 销售产值(亿元) | 124.79 | 12.9 | | 119.58 | 11.5 |
| 营业收入(亿元) | 127.46 | -9.6 | | 121.65 | -11.2 |

基于如此的产业格局,如何使得核心企业带动地方产业共同发展成为地方政府考虑的课题。2009 年,山西政府与汾酒集团建立战略合作框架,于 2010 年开工建设汾酒园区。该工程曾被誉为"山西转型标杆工程"。虽然中途经历了资金链断裂、投资人入狱、项目主要负责人被有关部门带走调查等曲折,[③]然而最终得以"破瓮",完成了项目建设。2018 年

---

①　资料来源:汾阳市统计局。

②　资料来源:汾阳市统计局。

③　山西中汾公司汾酒园区后遗症:施工队上访不断[N/OL].(2014-12-1)[2020-10-14] http://finance.sina.com.cn/chanjing/gsnews/20141201/112420964856.shtml.

9月,中汾酒城正式"揭牌"。园区采取混合所有制的形式,汾酒集团占比51%,中汾酒业占股49%,负责投资。这样一来,汾酒集团可以利用自己的技术优势,将技术传递出去,中汾酒业的投资也容易得到回报,可以说该工程的开展是一种双赢。

与此同时,由于园区规划面积达到5000多亩,占地158万平方米,25个车间,年产66000吨原酒,生产规模十分可观。因此,部分车间转由汾酒股份租赁经营,向汾酒公司提供原酒。中汾酒城的人员结构主要由三部分构成,除了汾酒厂抽调过来的员工、投资公司安排的人员,还有一大部分来自项目征用土地的农民。这样的安排既能解决由于园区扩建占据巨大建筑面积的问题,还能带动当地的酒业,促进技术的地域传播。实际上这种路径的开展,并不是近年来才开展的新形式,而是来自过去进行酒厂扩建的经验。

1949年6月1日,在将过去的老字号"义泉泳"和晋泉公酒厂合并的基础上,国营杏花村汾酒厂成立。为适应产能的增长,1951年6月到11月,国家投资12.49万元,在杏花村西堡占地扩建酒厂,这是汾酒厂的第一次扩建工程。刚开始建厂,技术工人大部分都是过去老字号懂技术的酿酒工,另外就是吸纳附近的村民来酒厂工作。经历了几年战争年代炮火的洗礼,技术的种子通过个别工人的经验技艺得以保留下来。计划经济时期,产能的扩大被当成一项政治任务来完成。1955年、1956年分别进行了第二次、第三次扩建,到1959年生产能力已经达到1600吨。与产能扩大、场地扩建同时发生的,是工人数量的增加。此后,从1972—1982年,经历了第四次扩建,产量翻了一番。1983年开始的第五次扩建建成生产能力达2000吨的酿造车间,年产大曲1000吨的大曲车间,日装能力20吨的成装车间和贮存能力达2400吨的酒库。1992年的第六次扩建工程更是完成了"万吨汾酒技改工程"。"汾酒速度"除了让人惊叹,其员工人数也激增。

汾酒厂的几次扩建以 1948 年原酒厂的厂址为基准,向北、西南等方向扩展。按照国家相关规定,征地要给予相应的补偿,[①]同时扩建工程的完成又离不开对于土地的征用及新员工的招募和培训。因此,在征地扩建的背景下,以酿酒为"世业"的杏花村当地农民就被吸纳进汾酒厂进行专业的系统的酿酒培训。据 20 世纪 80 年代在酒厂任总经理的张德胜回忆,他负责了 1983 年汾酒厂的第五次扩建工作。据《汾酒通志》记载,此次扩建共投资了 3500 万元,新增生产能力 3000 吨,其中 1 号、2 号酿酒车间创了当年设计、当年施工、当年投产的纪录。在这些庞大的数字背后,是征地和吸纳农民进行技术学习的过程。在这次扩建中,被征地的农民按照每 3 亩地安排 1 个人进酒厂的标准安置,共征地 2000 亩左右,他们组成了当时酒厂的主要工人,其余还包括计划经济时期分配的相关人员及在外地上班想回故乡工作,通过"走后门"形式进酒厂的人员。通过"征地补偿—技术培训"的形式,完成了征地和招工的双向任务,也缓和了因为征地问题带来的补偿范围窄、补偿标准低等矛盾。[②]因此,这一策略在建立"中汾酒城"时被再次应用。

---

① 按照1998年修订的《土地管理法》第四十七条规定,征用耕地的补偿费用包括土地补偿费、安置补助费及地上附着物和青苗的补偿费。征用耕地的土地补偿费,为该耕地被征用前三年平均年产值的6～10倍;其余由各地自行规定。目前,我国的征地安置方式仍以货币安置为主要形式。参见汪晖.城乡结合部的土地征用:征用权与征地补偿[J].中国农村经济,2002(02):40-46;卢海元.土地换保障:妥善安置失地农民的基本设想[J].中国农村观察,2003(06):48.

② 陈江龙,曲福田.土地征用的理论分析及我国征地制度改革[J].江苏社会科学,2002(2):55-59.

# 第三节　汾酒技术共同体的
# 形成和技能传承

　　汾酒的产业化进程离不开"杏花村"技术共同体的支持。技能潜藏在地方性社会的关联域当中。技术共同体的形成和扩展具有一个历史形成过程。最初,杏花村的酿造共同体通过血缘、地缘得以形成。在近代师徒制的背景下,通过在酿酒"作坊"或酿造车间中的"边缘性参与",逐渐向技术中心的过渡从而掌握了酿酒技能。现代背景下,产业化的发展使得技术共同体的范围逐渐扩展,以正式或非正式的方式实现了技能的传递。

## 一、技术关联域的传承谱系

　　在与杏花村一家乡镇酒企老板访谈中,当笔者问到"你是什么时候学会酿酒的?",对方不假思索地回答,"生下来就会"。虽然这样的回答略有夸张,然而在接下来的访谈中,该老板回忆道:"我爷爷的爷爷就做这个。我太爷是汾酒厂的三掌柜……"从侧面体现了技艺传承的力量。无独有偶,大曲工人刘昌录也回忆道:"之前做钳工,父亲、爷爷不同意,强制学刘家的制曲行业,怕失传。"在地域产业的开放政策与技术应用主体的文化传统、地理背景等共同因素的作用下,杏花村地区的技术共同体得以形成,酿酒技术通过如滕尼斯所述的"共同献身于同一种职业、同一种艺术"[①]的方式而得以不断传承和发展下来。

---

　　① [德]斐迪南·滕尼斯.共同体与社会:纯粹社会学的基本概念[M].林荣远,译.北京:商务印书馆,1999:65.

在此基础上,不同于路易斯·韦尔斯(Louis Wirth)对于"都市生活"的论断,杏花村人口结构的异质性极低,技术共同体与外部具有明确的划分界限。而在社区内部,似乎也存在现代性的生产方式与乡村式的生活方式的脱嵌。这样一种奇特的组合方式使得技术的生产和流动能够以一种较为单纯的方式维系,出现了在工作流动率越来越高的当代社会,"世世代代"为"汾酒人"的有趣局面。同时,杏花村技术共同体的存在也是对吉登斯对于资本主义都市是"人造的空间"(created environment)论断的一个补充:即便在现代社会,也存在一种技术共享的"开放空间"①,通过现代化的技术手段和传统的情感交流相维系。而这种技术共同体的形成和维持,是传统技术现代化发展的一种重要方式和基础。

在技术关联域中,技能的延展超越"头骨的皮肤",进入物质性、社会性和符号性的环境之中。②通过人与人之间的互动与合作,汾酒酿造的"关联域"被重组(气候、工具、作坊、技术人员的流动、机器),技能在地方社会得以实现再生产。回顾汾酒技术的发展历史,可以通过对汾酒发展代表人物的技术传承的勾勒,描绘出汾酒发展的谱系图。

首先,是以杨得龄为代表的汾酒酿造的第一代匠人。在民国时期,汾酒酿造完全依靠手工来完成,因此酿酒工人被称为"糟腿子",许多人在尚未接触到真正的技术内核时,因为工作的苦累而放弃。有资料记载,晋裕汾酒公司的工作状况:

> 手工操作,实行包干制。工人从黑夜 12 点上班,干到第二天下午两点才收场。每班工人 5 人,由大师傅带领,装甑蒸酒。两人在场内操作,一人烧火,一人担水并作零活。

---

① [英]安东尼·吉登斯.批判的社会学导论[M].郭忠华,译.上海:译文出版社,2005:78-79.
② [德]艾约博.以竹为生[M].韩巍,译.南京:江苏人民出版社,2016:49.

在这一时期,汾酒技术的发展阶段为从零散的经验确定大致的发展方向,向科学化的方向发展。在作坊里的做工,也围绕从场上工向配料工的方向进行发展。因此,身体的投入有可能会转化为一种技术的资本而得到地位的晋升。事实上,杨得龄正是凭借身体实践的投入和经验的增加,实现了从酿酒工人向总经理的地位抬升。

新中国成立后,汾酒厂得以建立。虽然初期,汾酒厂仍然维持着过去苦累的酿酒性质:人担水、马拉磨、脚踩曲、手工拌料冷散、手工操作甑桶,劳动强度大、功效低,然而很快伴随着机械化的改革和工人地位的上升,酿酒工作成为一项需要积极总结经验的技术工种。此时,以王仓为代表的酿造工人虽然仍然没有接受过科学的知识训练,然而在酿造实践中总结出一套操作守则,指导具体的生产情况。如蒸馏工序中就有这样的口诀:

铺地材料要干松,基础打好汽上匀;料层加厚汽加大,临到收口小汽蒸;大茬二茬相照应,质量数量要保证;只要细心操作好,酒质绵甜香味浓。

而王仓从自身经验,总结出的"先防、早控、流酒多""冬季保好温、热季敢保温"等理念在实践中被得到检验。此时的酿酒工人在国家社会主义建设时期获得了很高的社会地位,积极性被充分调动,汾酒的酿造技术继续朝着科学化的方向发展。

20世纪六七十年代,汾酒技术逐渐科学化,同时伴随着国家在工业领域机械化的深入发展,新一代的酿酒工匠与之前的工人相比,发展方向逐渐发生了转变:从对于科学化的追求发展为对于酿酒本身的经验总结和实践感悟。从某些角度来看,在经历了从经验向科学的转变之后,又发生了科学向经验地再反思。尤其是在机械化的介入、材料的变迁之后,对于如何做好汾酒匠人,工人们又有了新的思考。根据原材料、身体动作要求、机械化的应用及酒班成员的构成等情况,绘制了以下表格。从原材料的变迁可以看出,酿酒用水、高粱的变化主要源自现代化量产的需要;而身体动作的要求随着材料和器械的改进也有所降低,这也是部分老酒工对于工艺衰退争议的主要关注点;关于机械化的引进,如前文所述,一方面在解放劳动力和工作苦重的方面发挥了重要作用,另一方面,也伴随着对于酒质影响的争议;而酒班成员的调整,则更有利于维持班组作业的相互平衡、团结作业,实现"传帮带"的使命(见表5.6)。

表5.6 20世纪60年代以来汾酒酿造技术变迁情况

| 变迁类型 | 变迁内容、形式 | 变迁原因 | 非预料性后果 | 对工艺的新要求 |
|---|---|---|---|---|
| 原材料 | 酿酒用水:从井水变为自来水 | 井水无法满足扩大后的生产要求 | 工人省去挑水、担水的繁重工作内容;对酒质影响不详 | 自来水的供应使得过去手动添水进行冷凝成为历史 |
| | 高粱:汾阳当地"一把抓"改为东北高粱 | 东北建立酿酒粮食基地,满足大规模生产需要 | 东北高粱"性紧、皮厚,吃水性没有本地好,吸收水分慢"与本地高粱不同 | 在润糁阶段和配料阶段,需要结合高粱情况调整水分和温度 |
| | 大曲:从外地收购到自己制作 | 掌握关键技术 | | |
| 身体动作要求 | 装甑:过去对弯腰有绝对要求,现在要求降低 | 装甑材料变化;增加了贴甑人手 | 以"装甑"动作为代表的身体技术在学徒制中的地位下降;学徒学习技术的积极性降低 | 装甑动作从"弯腰"变为"直竖竖" |

| 变迁<br>类型 | 变迁内容、形式 | 变迁原因 | 非预料性后果 | 对工艺的新要求 |
|---|---|---|---|---|
| | 发酵：踩谷糠变为踩被子，后"踩"的动作也逐渐省略 | 节约粮食资源；注重环保和工人健康 | 减轻发酵工劳动强度；保温容易，降温难 | 对入室温度的要求提高 |
| 机械化应用 | 扬冷：从木锹扬片到竹帘子扬冷再到冷散机扬冷 | 机械化在酿酒产业的发展 | 解放劳动力，集中精力进行核心技术的投入 | |
| | 蒸馏：从锡鳌冷凝到直管冷凝；冷凝方式：从水冷到风冷 | 锡鳌冷凝方式冷却面积小，耗水量大，流酒温度高及产量低、劳动强度高 | 水冷出酒肉气，口感柔和；风冷，口感差、寡淡 | 考虑对两种冷凝方式结合运用 |
| 酒班成员构成 | 酒班成员从6人（其中1人负责生火）变为7人 | 减轻劳动强度；分工更加明确 | 对"团结"的要求更高 | 工艺"传帮带"的趋向更加明显 |

从以上回顾可以看出，在技术关联域的发展当中，随着时间的推移，对于技术的认识也更加深入了，并且在不同时代，对于技术的认识都受到时代的政治、社会和文化背景的影响。总的来看，技术的生产环节或许尚未发生大的变化，然而通过不同时代对于技术的解读，对技术的看法也呈现出多样化的样貌。

## 二、技术共同体的构成和扩展

通过对滕尼斯的"共同体"概念的界定进行思考，以及结合吉登斯对于资本主义社会"现代性"及"城市"与"乡村"之间分野地再建构，对于"杏花村"的含义进行了社会学的重新梳理，本书提出"技术共同体"的概念，其具有以下四个特点：①技术共同体的形成以行政社区、文化社区等其他力量的形塑为先导，在文化、历史、政治等因素的基础上得以形成，因此具有一定的生命力；②技术共同体形成的动力机制在于共享一套核心的技术，技术广泛存在在关联域当中，通过正式或非正式的方式得以传递；③技术共同体除了共享一套技术之外，还共享一套相同的"记忆"，是一个不同于现代工业社区的情感型社区；④技术共同体内部具有鲜明的等级秩序，并且与外部之间的边界清晰，自成体系。通过对技术共同体的界定，对于传统技术的现代化转型发展提供一种社会学的思路：将社区的建构与产业规划、技术发展相结合，实现技术的地域发展和人的技术赋能的双重效能。

以汾酒厂的人员构成和相互关系为例，来分析技术共同体的构成和发展历程。目前，汾酒厂的人员构成，有以下几类人员：在新中国成立初期加入汾酒厂的老工人的后代，1999年之前国家"包分配"时期的人员及后代（包括军人、大学生、其他单位转业人员等），以及汾酒厂扩建后通过征地补偿政策进入的当地农民及其后代。最初，由于汾酒酿造的经验属性，曾经发生过一线工人对于具有专业技术知识人员的排斥情况；同时，由于汾酒酿造是在班组作业中"向心"性的技术习得模式，因此掌握更多技能的往往是进厂时间较长的老工人，在一定程度上存在专业上的差异。在过去，由于酿酒工作在整个酒厂中的比重较大，又是统购统销，不存在销售问题，人们将更多的注意力集中在组织的生态建设上。对于不同岗位的人选都进行仔细考察：如"发酵工选用本人爱干净，并且潇洒精明的人，这样不但使发酵室卫生好像他本人一样干净，而且对用具的保管也妥善；贴甑工用性格温和的人，因为一个好的贴甑工往往能够增进装甑的效果。只有这样的人，班组长即使批评指点几句，他也不会嗔怪，做到锹锹匀准，保证装甑效果；交酒用稳重谨慎的人，因为交酒是生产上的最后一关，一天撒1斤酒一个月就要浪费30斤；糟场上最后的材料清扫，要用农村出身，家又贫寒的人，这样的同志本身见材料撒丢就心疼，这样一天可多回收2斤材料，一年下来数字也很惊人；推车要用性急、体壮的人，因为在大雪封地的气温下，稍一迟慢材料就有人冷的可能"①。

近年来，随着"子弟"在汾酒职工中的比重日益增大，再加上人员多是受过高等学历的人才，②一线的酿酒工作成为一种"轮岗"，征地农民转而成为一线酿酒工人的主力。同时，伴随着汾酒厂向扁平化企业的转变，酿酒环节成为整个汾酒生产中的其中一环，汾酒厂的组织生态与过去相比，发生了很大的变化。

这种人员构成情况对"一线"酿酒工作的排斥直接导致了酿酒技术常常以"非正式"的方式完成扩散和传递。如今杏花村镇下辖的一些擅酿村落，如东堡村、西堡村等已经在招工安置的征地补偿政策中受益，基本实现了小康水平。村民已经很少亲自从事酿酒等"苦力活动"，转而借助地理位置优势成为小作坊的老板，雇用一些周边地区村民甚至外地人来进行蒸糁、装甑、蒸馏等基础的酿造工作。到了后续的勾调老熟等环节，往往聘请就职于杏花村酒厂的专业技术人才来进行，根据勾兑量的多少给付工资。据笔者观察，这类现象并不少见，是当地一种"公开的秘密"。通过私下"接私活"非正式的方式，酿酒工实现了生活质量的提升，酿酒技术也得以传承和发展。

## 三、酿酒技艺习得："边缘性参与"与身体的"在场"

上文提到的技术共同体是汾酒技术传播的广义的技术共同体。以技能传递的酿造车间或作坊为单位，还存在一个狭义的技术共同体。在这

---

① 郝持正.我在抓班组管理上的几点体会[G]//文景明,柳静安,编.杏花村文集:第1集1933—1989.北京:北京出版社,1992:137-140.

② 与人力资源部人员访谈资料所得。

个共同体中,通过身体的在场,酿酒技术以师徒制的形式实现传递。早期以莫斯为代表的人类学家对于"身体技术"有过深入的论述,然而其身体技术的概念指涉的并非本书所关注的"传统技术"的发展范畴,更多是站在人类社会发展的长远视角,探索身体技术的象征性、物质性等特征,将身体的表征视为一种如同"语言""文化"一样的具有指征性的意象。本书将酿酒技术实践看作一种身体的技术。这种身体的嵌入,首先是一种物理身体的投入。

一般来说,汾酒酿造车间需要进行小组作业,以七人为一个小组,其中大师傅负责配料,二师傅负责装甑,三师傅负责贴甑和发酵,其余四人为场上工,负责现场清理、机器开闸、扫糁装糁等杂乱工作。刚刚进入小组的人员往往由场上工开始做起,然后根据学习情况和个人特长再向其他方向发展。这样的工作方式就给了徒弟以学习的机会,让他们在酿酒的实践中逐渐向技术的中心靠拢,完成技术的"传帮带"。学徒工从实践共同体的边缘人物(通常是场上工)以"向心"的方向流动的过程中,通过口诀的内化、实践经验的积累,技能得以代代传承。

在酿酒早期,通过踩曲、润糁、倒糁、装甑等实践,酿酒似乎的确是一项投入"苦力"的身体劳动。然而伴随着机械化程度的提高,许多环节由机械所替代,但是关键环节:诸如配料、装甑、发酵等仍然需要身体的技术实践才能够得以完成。机械化投入的增加,反而更加凸显酿酒身体实践的重要地位。近年来,随着智能化时代的到来,技术升级对劳动者技能水平的影响成为经济学和社会学的研究热点之一。[①]对于技术升级给劳动者带来的影响,主要有三种代表观点:一是以布雷弗曼(Harry Braverman)为代表的"去技能化"(deskilling)观点。认为泰勒制管理方式和引入自动

---

① 邓韵雪,许怡."技术赋权"还是"技术父权"——对智能制造背景下劳动者技能提升机会的性别差异考察[J].科学与社会,2019,9(03):87-109.

化生产设备会导致工人的技能水平下降,对劳动的控制权降低;二是源于工业化理论和新古典经济学的"技能提升"(skill upgrading)观点,该观点认为,技术革新会替代原有的低技术类工作;[1][2]三是"混合效应"(mixed effect)观点,认为技术革新对劳动者技能的影响存在不确定性。[3][4]

依据对汾酒厂机械化发展的考察,笔者对于机械化、智能化对技能传承的影响还是持比较乐观的态度。酿酒工匠传统技艺与现代技术的结合,不但不会使得古老技艺失传,反而有可能借助新的形式,使得过去依靠感官、经验的模糊指标变得更加清晰;同时,通过机械对于粉碎、搅拌等一系列事项的高效作业,使得工人对于装甑、发酵等核心环节更能集中精力和时间进行研究,从而达到效率和质量的提升。

对于机械化的"入侵",一方面,酿酒工匠要转变传统认识:传统技术"身心合一"的特点并非对机械化的拒斥。技术并不一定是"非人"的,从外部强加于我们,而不考虑我们身体存在的现状的事物。相反,机械化能够使得身体从常规性、程序性的任务中解放,通过"一种自我调控的人机系统"来达到"增进身体潜能"的目的;另一方面,要寻求在熟练掌握技能和知识的基础上与机器合作的过程,从而达成机械对身体的"重构"和"模拟"。身体的机械化并非对于技能的摒弃,对于身的解放正凸显了对于秉承了人工智能的高技能的要求。[5]在未来的产业发展中,身体的技能掌握

---

① 　Daron Acemoglu, Pascual Restrepo. Robots and jobs: Evidence from US labor markets[R]. IDEAS Working Paper Series from RePEc, 2017.

② 　Auto, D., Levy, F., Murnane, R. J. The skill content of recent technological change: An empirical exploration[J]. *The Quarterly Journal of Economics*,2003, 118(4):1279-1333.

③ 　Kelley, M. Programmable automation and the skill question: A reinterpretation of the cross-national evidence[J]. *Human Systems Management*, 1986, 6(3):223-241.

④ 　Form, W. On the degradation of skills[J]. *Annual Review of Sociology*, 1987, 13(1):29-47.

⑤ 　赵万里,王俊雅.技能传承中的身体嵌入——以汾酒酿造的身体技术实践为例[J].自然辩证法研究,2020,36(11):46-53.

将通过对机器的掌握程度而得以展现。总之,机器只是提供一个人工的辅助作用,对机器的掌握和利用成为新时代对匠人的新的要求。这样一来,身体实践的含义逐渐被扩展,成为一种文化身体、精神身体的嵌入。

身体在技术共同体中的作用,还体现在师傅通过对"感官"调动的掌握,把控技能的"要领",从而维护师徒间关系的稳定性。梅洛-庞蒂的身体现象学认为,"联觉是一种通则,我们之所以没有意识到联觉的存在,是因为科学知识将体验进行了转移,要从我们的身体结构和从物理学家所想象的世界中来推断出我们应该看到、听到或感觉到的东西,我们不再会看,不再会听,总之,不再会感觉"①。体现在酿酒活动中,则是掌握了通过看酒花断酒、闻味道判断酒醅发酵情况等身体"联觉"效应的酿酒师傅,往往将一些技术"垄断",以凸显自身的能力,待到时机成熟再将其传授给合格的徒弟。此处,对于身体技能的掌握作为一种身体资本而存在。总之,酿造车间中的技能习得,以身体在场的"边缘性参与"向中心移动的方式展开。

## 第四节　小结

本章关注的是汾酒技术文化风格形成的另外两个关键节点:汾酒酿造技艺的科学化和产业化。科学化和产业化的过程是传统技术从传统技艺走向现代产业的一个必不可少的过程。汾酒的科学化过程也是汾酒技艺走向标准化的过程,使得其从过去零散的、分散性的技艺发展为统一的技术。国家政策和关键企业在科学化的过程中发挥了重要作用。

而汾酒的产业化过程是一个逐步推进的历史过程。从 20 世纪 80 年

---

① [法]莫里斯·梅洛-庞蒂.知觉现象学[M].姜志辉,译.北京:商务印书馆,2003:293.

代"快曲酒"在汾阳的"普及",到汾酒产业园区的扩建,酿酒技术在汾阳地方逐渐获得扩散,成为地方支柱性产业。

最后,本章对产业化发展过程中技术共同体的形成进行了讨论。在技术关联域的历史脉络中,技艺通过血缘、业缘、地缘等形式得以传承延续,在脉络中不同节点的酿酒工匠的技艺特点体现了不同的时代特征。而在现在技术共同体的组织生态当中,一方面,扁平化的组织管理方式使得一线的技术工人失去了过去的技能优势;另一方面,通过组织内外非正式的技能流动,技术共同体的界限又得以扩展。

第六章

# 消费需求分化与汾酒技术文化风格的重构

上述章节按照历史脉络发展,梳理了汾酒技术文化风格定型的历史过程。实际上,汾酒技术文化风格的形成,受到了不同社会因素的影响。尤其是改革开放以后,伴随着我国从生产社会向消费社会的转变,对于白酒的需求发生了质的转变:从过去一直以来对于"酒度"的追求逐渐转变为多样化的消费需求:健康、身份和时尚等元素被追捧。针对消费需求的分化,汾酒从酒体设计、酒度调整、包装营销等方面实现了自身技术文化风格的重构,以迎合新的消费需求。

## 第一节　消费需求变迁与汾酒风格的历史形成

我国古代历史上对酒类的需求始终围绕着"清澈"和"高度"展开。汾酒利用蒸馏技术率先实现了"烧酒"的酿造,满足了当时的消费需求,获得了历史的发展。"富人有钱饮酒取乐,穷人没钱借酒御寒",新中国成立初期,百废待兴,此时对于酒的口味和品质的要求尚未被提上日程,酒作为一种"劳保品"而存在,对酒的需求主要体现在"量产"上,此时可谓"有酒就行"。汾酒抓住了量产的契机,通过大规模扩建实现了抢占市场份额的目标。然而进入 21 世纪,消费者更加追求多元和个性化,对酒的口感、包装、营销等都提出了新的要求。

## 一、我国历史上对"清酒"的追求

我国历史上对酒类的消费需求始终有一个不变的主题,即对于酒质澄清的追求。《礼记·内则》:"酒:清,白。"可见,当时的酒已分为清酒和白酒两类。清酒是酿造时间长、液感清澈的酒;白酒是指浑浊的酒,即汉代人通称的浊酒,与清酒相比,酒滓含量高。[①]被称为"清酒"的酒类往往被当作最为珍贵的祭祀用酒。

对于白酒"清"和"浊"的划分,在酿酒技术不断发展的各个朝代也随之进一步延续和发展。汉诗"清白各异樽,酒上正华疏"表明了对"清""白"的两种划分。《太平御览》卷 844 引《魏略》:"太祖时禁酒,而人窃饮之,故难言酒,以白酒为圣人,清酒为贤人。"其中,浊酒指的是酒液稠浊而酒精度偏低的酒,这种酒成熟快而保存期短,一般不经过过滤工序。而清酒则是酿造时间长、酒度较高而且酒液较清的酒。清酒与浊酒是中国早期米酒(即原汁发酵酒)酿造的基本模式,这种模式一直延续到宋元时期,最终被高质量的黄酒(即谷物发酵酒)所取代。[②]到了宋朝时期,我国黄酒发酵技术的发展已经趋于成熟。而王赛时则在《中国酒史》中提出,唐宋以后,随着酿酒业的进步,黄酒开始出现,而且产量逐渐增加,最终在元朝

---

① 王赛时.中国酒史(插图版)[M].济南:山东画报出版社,2018:36.
② 王赛时.中国酒史(插图版)[M].济南:山东画报出版社,2018:70-71.

时,黄酒工艺在中国发酵酒中占据主导地位。①从以上中国白酒的技术发展来看,"清"和"浊"之分始终是酒类划分的一个重要标准,对酒质清澈和酒度提升的追求一直贯穿着古代白酒的发展进程。

进入元朝,中国发酵酒的酿造基本摆脱了浊酒的困扰,进入黄酒的阶段。然而与此同时,一种新的酿造技术——蒸馏技术也获得了高速发展,并迅速抢占了北方市场。关于蒸馏技术的引进方式、发明时间及其与中国传统黄酒酿造的关系,学界并没有形成统一的看法。总体来说,根据李时珍在《本草纲目》中一处说"元时始创其法"的论述,早年间"元朝说"曾经风靡一时。1956 年,袁翰青根据唐朝时期白居易"荔枝新熟鸡冠色,烧酒初开琥珀香"等诗句中出现"烧酒"一词,及对李时珍"元时始创其法"说法的质疑,提出了"唐朝说"。②1993 年《历史研究》杂志第 5 期发表了李华瑞的《中国烧酒起始探微》一文,该文在整理前人资料基础上,补充了一些新的史料,认为唐宋时期中国已有蒸馏酒。③随后,王赛时在《历史研究》1994 年第 6 期又发表了《中国烧酒名实考辨》,对李华瑞的资料及其解读一一辨析纠谬,断定唐宋时期的烧酒不属于蒸馏酒范畴。④在 2018年出版的《中国酒史》中,王赛时进一步解释,"烧酒"一词具有两种含义:以元代为分割线,具有不同的含义。宋以前,"烧酒"指的是低温加热处理的谷物发酵酒,"烧"的意思是用加热的方法,对发酵酒进行灭活杀菌,促进酒的陈熟。而元以后才指的是谷物蒸馏酒。⑤黄时鉴的《阿剌吉与中国烧酒的起始》一文认为,"阿剌吉"的词源为阿拉伯语"araq",本有出汗、烧酒的意思,后来为波斯语所借用,东传中国。由译音所至,中国人曾把所

---

① 王赛时.中国酒史(插图版)[M].济南:山东画报出版社,2018:287.

② 袁翰青.酿酒在我国的起源和发展[M]// 袁翰青.中国化学史论文集.北京:生活·读书·新知三联书店,1956:95-96.

③ 李华瑞.中国烧酒起始探微[J].历史研究,1993(05):40-52.

④ 王赛时.中国烧酒名实考辨[J].历史研究,1994(06):73-85.

⑤ 王赛时.中国酒史(插图版)[M].济南:山东画报出版社,2018:313.

有的东西都作"阿剌吉"。[①]根据这一理解,王赛时进一步将我国谷物蒸馏酒的发明归结为对流行于中亚、阿拉伯等地蒸馏葡萄酒法用于谷物蒸馏的借鉴。[②]

不论蒸馏酒的最初起源来自外来文化还是自身文化的改进,蒸馏技术的应用都大大提升了酒质和酒度,迅速成为与谷物发酵酒相并肩的另一种受欢迎的酒类。明朝可谓中国酒业发展的黄金时期,首先是黄酒的发展,烧酒(即白酒)的生产也迅猛发展,白酒生产从制曲到地缸、泥窖发酵,再到蒸馏烤酒等特殊技术大都是在这一时期创立的。中国当代的名酒,山西汾酒等都是在这一时期面世的。[③]

虽然蒸馏酒出现的时间还没有定论,但是在宋代道教的庙观里最早出现了用于蒸馏水银的蒸馏器。在杏花村北部,有一座道教庙宇,名为太符观,根据刻于金承安五年(1200年)的《太符观创建醮坛记》,太符观始建年代不晚于金代中期。据专家分析,在壁画附属神祇体系的尾部出现了一些行业祖师,其中就包括"制药醉酒祖神众"[④]。在创建太符观的名单中,还出现了"郭栅镇保义副尉商酒务同监李居仁"的名字,在金代的杏花村当地,已经出现管理酒务的官职。可见,至少在金代以来,杏花村擅酿酒已是不争的事实。直至今日,太符观依然矗立在杏花村镇的北部。太符观的存在,见证了金代前后道教在杏花村地区的发展之盛,而刻有酒神的壁画也见证了该地区酿酒业和饮酒的旺盛需求。可以说,正是符合过去对于酒度和酒质的消费需求,率先利用蒸馏技术的汾酒获得了历史的发展。

---

① 黄时鉴.阿剌吉与中国烧酒的起始[M]//黄时鉴.东西交流史论稿.上海:上海古籍出版社,1998:81-100.

② 王赛时.中国酒史(插图版)[M].济南:山东画报出版社,2018:312.

③ 周嘉华.酒铸史钩[M].深圳:海天出版社,2015:99.

④ 郝红霞,贺丹.山西汾阳太符观壁画所揭示的村落民众信仰[J].文物世界,2012(03):37-52.

## 二、新中国成立初期对"固态"白酒的消费需求

1949 年新中国成立初期,我国国民经济整体处于恢复与发展阶段。在 1949 年,全国总共有一万多个白酒作坊,各类酒的总产量仅有 15.62 万吨,[①]难以满足人民群众的消费需求。从 20 世纪 50 年代开始,国家也开始派专家研究发展用液态发酵的新工艺白酒,虽然取得了一定的成效,然而在口感上仍然与固态白酒有一定的差距。[②]因此,扩大名白酒的产量,满足人民群众的饮用需求,成为当时发展白酒的一项重要任务。

汾酒厂的发展和扩建最初即是响应国家号召,满足群众需要和发展地方经济的一项举措。据《汾阳县志》记载,新中国成立前,汾酒产量与储存能力极为有限。民国时期的三十余年间,最高年产量也不过 40 吨。民国二十二年(1933)晋裕汾酒公司共有陶瓷贮酒缸 103 口,每口贮酒 280公斤。此时,生产方式也十分落后,工人实行轮班制,完全依靠人力完成担粮、烧火、装甑等工作。经历了抗日战争和阎锡山"兵农合一"暴政,土地荒芜、粮食锐减,再加上青壮年被征入伍、烧酒工人难以招来,汾酒很难生产,汾酒发展几近中断。1949 年 6 月 1 日,国营杏花村汾酒厂成立。刚刚建厂时期,其实属于汾酒厂的恢复阶段。据老工人回忆,新中国成立初期,在粉碎车间,每天依靠人力担粮食,毛驴拉磨,属于苦重的 7 级工。生产效率低下,加上人员不足,产量自然难以提升。因此,扩建的工程被提上日程。

1951 年 6 月到 11 月,国家投资 12.49 万元,在杏花村西堡占地扩建酒厂,这是汾酒厂的第一次扩建的一期工程。第一次扩建总共分四期,耗

---

① 吴熙敬,主编.中国近现代技术史[M].北京:科学出版社,2000:1092.
② 熊子书.新工艺白酒:下个世纪的白酒主流[J].中国酒,1999,(4):41.

时四年完成。四期扩建工程完成之后，职工人数从 60 人上升至 117 人，年生产能力从 300 吨翻了一番，总产量也从 537.24 吨增加至 721.92 吨，生产能力得到大幅提升。1955 年汾酒厂进行了第二次扩建。这次扩建之后，汾酒厂职工人数上升至 170 人，总产量达到了 917.64 吨。1956 年 9 月，汾酒厂开始进行第三次扩建改建工作，于 1959 年全面完成，这次扩建工程完工后，汾酒厂年生产能力达到 1600 吨（见表 6.1）。这三次扩建工程，是在党的过渡时期完成的，尤其是第三次扩建，1958 年受到"大跃进"思想的影响，产量的急速扩大伴随着工艺的变形、盲目加大用水量等一系列问题。然而总的来说，扩建的过程除了产量的提升，还伴随着机械化的改革。20 世纪 60 年代，伴随着群众性的技术革新和技术革命的热潮，汾酒厂在全国第一批研制出大曲成型机、运用了散热机，结束了人工踩曲和人工扬冷的历史。通过这一系列的扩建工程，使得杏花村汾酒厂实现了从手工操作的小厂向半机械化的大型酒厂的跨越。

表6.1　1951年至1959年山西杏花村汾酒厂的三次扩建[①]

| 扩建情况 | 年份 | 职工人数（人） | 固定资产 | | 生产能力（吨/年） | 总产量（吨/年） |
|---|---|---|---|---|---|---|
| | | | 原值 | 净值 | | |
| 第一次扩建 | 1951 | 60 | 1.89 | 0.85 | 300 | 537.24 |
| | 1952 | 59 | 12.62 | 12.06 | 300 | 398.25 |
| | 1953 | 74 | 13.75 | 12.44 | 600 | 681.15 |
| | 1954 | 117 | 14.90 | 12.98 | 600 | 721.92 |
| 第二次扩建 | 1955 | 170 | 29.75 | 26.72 | 800 | 917.64 |
| 第三次扩建 | 1956 | 206 | 36.65 | 32.18 | 800 | 898.43 |
| | 1957 | 194 | 38.14 | 31.9 | 800 | 815.90 |
| | 1958 | 239 | 92.09 | 81.83 | 1600 | 542.94 |
| | 1959 | 449 | 249.72 | 203.93 | 1600 | 2144.36 |

① 表格数据来自《汾酒通志》编纂委员会，编.汾酒通志：第3卷汾酒史略.北京：中华书局，2015：140-141、150.

新中国成立初期,国家将白酒业发展视作轻工业发展的一项重要内容,国家对酒类生产采取了适当扶持发展的方针。[①]如果说汾酒厂的前三次历史扩建,是在响应国家对于白酒需求的号召,那么从1972年开始的第四次扩建开始,汾酒厂的扩建则是企业和地方经济战略发展的一种投资。从1972—1982年,汾酒厂经历了第四次的扩建工程,总投资达到1590.56万元,工程完成投产之后,年生产能力达到了3200吨。1983年7月,汾酒厂第五次扩建一期工程破土动工,年底完成。这次工程投资3500万元,新增生产能力3000吨,其中1号、2号酿酒车间创了当年设计、当年施工、当年投产的记录。1985年5月,汾酒厂第五次扩建二期工程动工,这次工程投资2700万元,建成生产能力达2000吨的酿造车间,年产大曲1000吨的大曲车间,日装能力20吨的成装车间和贮存能力达2400吨的酒库。至此,全厂年产酒能力达到8600吨以上(见表6.2)。

表6.2　汾酒厂大规模的第四次和第五次扩建

| 扩建项目 | 年份 | 投资情况(万元) | 生产能力(吨/年) | 备注 |
|---|---|---|---|---|
| 第四次扩建 | 1972—1982 | 1590.56 | 3200 | |
| 第五次扩建 | 1983 | 3500 | 6200 | 一期工程 |
| | 1985 | 2700 | 8600 | 二期工程 |

大刀阔斧的扩建直接带来了汾酒产量和销售额的巨幅提升。1987年6月29日,新华社报道汾酒厂的"四最":"一是每年的出口量最大,等于全国其他名酒出口量的总和;二是名酒率最高,达99.97%,全国每斤名酒中就有杏花村汾酒厂的半斤;三是成本最低,物美价廉;四是得奖最多。"[②]

---

① 苗志岚.酿酒工业漫谈[M]//中国食品出版社,编.中国酒文化和中国名酒.北京:中国食品出版社,1989:94.

② 任志宏.文化汾酒:中国汾酒人物史[M].北京:中国文史出版社,2019:205.

1991 年,据《中国统计信息报》公布的统计资料,杏花村汾酒厂以利润总额 24556 万元的实绩,跃居全国最大工业企业第 92 位,在全国食品饮料行业里名列榜首。然而这样漂亮的数字背后也潜藏着新的危机。在整个计划经济的时代,汾酒厂一直处于卖方市场,销售长期依靠国营商业部门,由国家商业部统一调拨,统一分配到各省(区)、市糖业烟酒公司销售,汾酒厂没有自己的销售网络,仅可在完成国家计划后,允许自销少量超产酒。[①]因此,1984 年国家对于白酒统购统销政策的放开,给汾酒厂带来了新的销售危机。

## 三、白酒市场开放与消费需求的多样化

在国家计划经济的背景下,从山西杏花村汾酒厂建立一直到 1984 年,产销皆在计划经济中运转,生产与销售一直由国家逐年下达指令性计划安排。[②]因此,产量的扩大就意味着利润的增加。1984 年 5 月,国务院下发《关于进一步扩大国营工业企业自主权的暂行规定》,产销逐步由指令性计划过渡到指导性计划,企业开始有了自主经营权。在国家指导性计划的指导下,灵活决定企业的产、供、销。[③]同时,1981 年,企业开始推行经济责任制,试行"固定工资加奖励工资,部分工资浮动"等办法。企业实行了厂长负责制,工业企业逐步由计划生产转向市场调节生产。突然的政策变化给了白酒销售很大的压力,尤其是对于完成多次扩建的汾酒来说,需要重新寻求市场,巩固销量。

---

①　刘锡仁,王希良,主编;汾阳县志编纂委员会,编.汾阳县志:第12卷汾酒[M].北京:海潮出版社,1998:326.

②　刘锡仁,王希良,主编;汾阳县志编纂委员会,编.汾阳县志:第12卷汾酒[M].北京:海潮出版社,1998:326.

③　刘锡仁,王希良,主编;《汾阳县志》编纂委员会,编.汾阳县志:第12卷汾酒[M].北京:海潮出版社,1998:326.

虽然政策初步放开,然而对于国企来说,仍然要以国家利益为第一考虑要素。当时有领导提出:"希望每到年节的时候,老百姓的餐桌上能见到杏花村出产的汾酒。作为一家全国知名的国有企业,要做市民喝得起的名酒。"①在此背景下,汾酒厂时任厂长常贵明坚持扩建策略,响应国家对于白酒要求"物美价廉"的策略,寻求进一步巩固和扩大市场。实际上,在政策放开初期,国家指定上涨的13种名酒,相互之间价格差异并不明显。汾酒、茅台、五粮液价格差距仅在三到五元之间。②并且当时汾酒在市场上仍然是紧俏的状态、供不应求。

> 只要能从汾酒厂批出一箱(每箱24瓶)酒来,转手就能挣100多元。后来发展到贩卖"领导批条",每箱酒的批条,拿出去转手就能卖100元。有价无市(普通职工平均工资不足50)。③

在这种利好的情况下,汾酒厂也曾经有过短暂的提价。1988年5月,跟随涨价潮价格从4.8元上涨到6元,两个月后涨到15元、20元,甚至30元。

然而1988年底,国家出台政策限制公款消费——原来统购统销的烟酒公司基本停止了白酒的统一购销,相当于国家包销突然转变为企业自销。面对企业自销的压力及对"物美价廉"理念的坚持,汾酒厂选择了降价来拓展销路。1989年4月16日,汾酒厂在《山西日报》头版,以"汾酒降价一步到位"为题,向消费者公布:

> 从4月10日起,降低汾酒售价,玻璃瓶装汾酒,产地零售价格为

---

① 杨贵云,王珂君.中国名酒:汾酒(下卷)[M].北京:中央文献出版社,2013:426.
② 杨贵云,王珂君.中国名酒:汾酒(下卷)[M].北京:中央文献出版社,2013:426.
③ 杨贵云,王珂君.中国名酒:汾酒(下卷)[M].北京:中央文献出版社,2013:445.

每瓶15元,其他汾酒系列产品同时降价(看包装情况)。

1993年,杏花村汾酒厂股份有限公司完成上市,成为"我省第一家股票公开发行、异地上市的股份制企业"。上市以后,继续实行降价策略:

> 继续拉低价格,将汾酒的市场售价降到汾酒能够承受的最低水平,把利润水分挤干。[①]

然而面对汾酒的突然降价,消费者并不买账,反而不能理解其降价的缘由,汾酒与茅台等其他名酒的价格逐渐拉开。

1998年春节期间,山西朔州有人报案称喝酒后出现全身乏力、视力模糊等症状,后来陆续有人呈此症状。在进行抢救的同时,公安部门也开始着手调查此案,震惊全国的"1·26朔州假酒案"就此拉开序幕。尽管后来查明,假酒是由不法分子私自用甲醇勾兑后出售给汾阳中杏酒厂,与杏花村汾酒并无关联,然而事件性质恶劣、又发生在山西境内,再加上时任汾酒厂总经理高玉文认为引发命案的"假汾酒"与自身所生产的真实的"汾酒"之间并无关联,在整个春节都持"观望"态度,错过了最佳的公关时间,[②]在全国范围内掀起了一场"劝君莫饮山西酒"的抵制运动。此后,汾酒"元气大伤",长时间退守在了省内市场。

按照鲍德里亚对于物的理解,我们消费的从来都不是物品本身,而是物品背后"能够突出你的符号"[③]。实际上,伴随着改革开放,人们的思想

---

① 杨贵云,王珂君.中国名酒:汾酒(下卷)[M].北京:中央文献出版社,2013:447、463.

② 1998年2月24日,《人民日报》记者阎晓明在报道中写道:"到文水之前,记者路过汾阳市杏花村镇,到著名的山西杏花村汾酒厂去看看。没容说明来意,公司总经理高玉文劈头甩了一句:你要采访假酒,找别人去!我不接待。"(参见杨贵云、王珂君.中国名酒:汾酒(下卷).北京:中央文献出版社,2013:482.)

③ [法]让·波德里亚.消费社会[M].刘成富,全志钢,译.南京:南京大学出版社,2006:34.

也逐渐发生了变化。我们对酒的饮用也从刚解放时的"有酒就好"发展为通过饮酒来表达一些政治的、文化的、阶级的符号。毕竟"一个人如果不想变成愚蠢可笑的粗汉,他就必须在趣味培养上下功夫"①。对于汾酒来说,《北齐书》中武帝对于其亲属进行汾清的赏赐,是一种君王礼贤下士、礼遇皇室的统治策略;近代以来,随着晋商商帮群体的传播,汾酒逐渐具备了阶层区隔的意味,既是一种阶层身份的象征,也是一种联络乡情的家乡符号;新中国成立以来,百废待兴,汾酒作为一种难以获取的物质资源——国家名酒而受到人们的追捧,此时,它逐渐具备了新的阶层含义;而改革开放以来汾酒的降价策略的实施及对"民酒"的标榜,使得其定位出现混乱。

# 第二节　对汾酒酿造产业化的反思

从"汾型酒"向"汾酒"的发展过程中,印证了汾酒从清香型白酒的代表性酒类到一种知名的酒类品牌的转变,正是在这一转变过程中,汾酒在杏花村的产业化格局中逐渐得以形成。然而汾酒酿造在产业化的过程中,也遇到了一些新的问题。例如,如何在保证品质的情况下实现量产的要求,如何将产品特质与文化营销策略相结合等。这些都是传统技术在产业化发展过程中需要反思的问题。

## 一、产业化背景下对"汾酒"的认识

在汾酒博物馆中,汾酒集团将北齐时期的"汾清"酒列为汾酒在历史

---

① 罗钢,王中忱,主编.消费文化读本[M].北京:中国社会科学出版社,2003:5.

上的"四次光辉时刻"之一,其实,严格来说,北齐时期,我国古代白酒的发展正处于原汁发酵酒的阶段,离蒸馏技术的引进尚有数百年的路要走,即便是离今天的汾酒比较接近的"干和"酒的发明,也要等到唐朝时期。由此可见,汾清酒作为汾酒只是一种宣传的噱头,并不可靠。实际上,汾酒集团对于"汾酒"如何理解和定义,我们从相关的文件当中可以查看。在《酿造技术术语标准》一书中,对"汾酒"进行了相关的定义:

> 以高粱为主要原料,以大曲为糖化发酵剂,采用"清蒸二次清"固态地缸分离发酵而制得的,并以地名山西汾阳杏花村命名的,经国家工商局以长城牌、汾牌、汾字牌、古井亭牌注册的蒸馏酒,称为汾酒。

在这个定义中,我们可以看到重点强调了两方面的内容:一是对于酿造原料、用曲、酿造方法的界定;二是对所产地域"杏花村"及对于"经国家工商局"注册的商标的特别强调。对于酿造方法的界定是判定汾酒区别于其他酒的重要标准,而对于地域和品牌的强调则是出于保护品牌发展的目的,也无可厚非。

20世纪八九十年代,通过汾酒的品牌效应,汾酒集团通过技术转让贴牌的方式,打造了一批"开发酒",在市场上曾经风靡一时。诸如汾特佳酒、金家酒等品牌正是当年通过与汾酒厂合作——大部分由汾酒厂提供技术支持,由品牌自身进行包装、宣传等工作而大获成功。到1992年,有汾特佳酒、杏花村酒、特质北方烧四大类、十三个品种、六个系列、八种规格、六十四个花色的开发酒走向了市场。伴随着开发酒的风靡,人们对于这些品牌之间的关系,以及何为真正的汾酒充满困惑。早在2004年《山西日报》记者就撰文《汾酒何时能瘦身》,对管理现象的混乱提出质疑。[①]2019 年,《新京报》记者来到杏花村对市场上的汾酒进行调查,发现此地存在"三无散酒灌装冒充汾酒"的现象,对"开发酒"的乱象又进行了揭露,[②]此事在当地乃至白酒圈引起了剧烈反响,开发酒政策进一步收紧,汾酒不得已"挥刀瘦身"。

从品牌和法理的角度看,汾酒的"真实性"的标准同时由技术标准和法律专利来定义,只有具有"长城牌、汾牌、汾字牌、古井亭牌注册的蒸馏酒",才可称之为"汾酒",否则就是对于汾酒品牌的滥用和剽窃。针对汾酒在地方社会的饮用情况和地方社会对汾酒的认识情况,笔者设计了一份调查问卷,通过网络发放的形式,共收集到有效问卷 341 份。在问卷中,当问到认为汾酒公司所产汾酒与其他酒厂所产清香型白酒有无区别时,有高达 70.09% 的受访者认为有差别,16.42% 的人认为没有明显差别,都属于清香型白酒,另有 13.49% 的人表示不太了解。说明何为"汾酒"的"真实性"已经被建构起来,对于汾酒集团与"汾酒"之间的关联在地方已经形成一种"共识"(见图 6.1)。

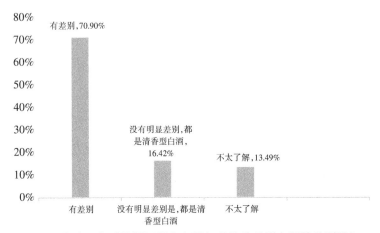

图 6.1　当地民众对汾酒厂所产白酒与其他清香型白酒的差别认知

---

① 江志波.汾酒何时能瘦身[N].山西日报.(2004-11-10)[2019-1-12].

② 游天燚.揭秘真假汾酒乱象:批发价 30 卖 688,三无散酒灌装冒充汾酒[N/OL] http://finance.sina.com.cn/chanjing/gsnews/2019-04-22/doc-ihvhiqax4388349.shtml.(2019-4-22)[2020-6-28].

实际上,这种对"真实性"的定义,掩藏了汾酒的"地域产业"属性的事实。早在清朝,在向乾隆皇帝反映山西禁曲情况时,有大臣在奏折中提道:"第查晋省烧锅,惟汾州府属为最,四远驰名,所谓汾酒是也。且该属秋收丰稳,粮食充裕,民间烧造,视同世业。"[①]由于汾州当地盛产高粱、气候适宜,再加上此地"重商风气颇重",早早就形成了酿酒的发展传统。到民国时期,基本上延续了清朝的发展格局,尽管赋税沉重,酿酒业仍然是当地的一项重要产业。新中国成立以后,汾酒厂的建立也是基于过去的老字号的旧址和人力、物力资源之上。

因此,从技术史角度看,汾酒品牌的形成实际上是汾酒酿造技术社会化的结果。[②]通过制定和更新标准,细化分工环节等措施,汾酒集团带动了整个杏花村地域汾酒的发展,然而对作为地域产业的汾酒来说,也应该将这种技术作为地域共享的集体技艺和集体文化发扬光大,避免将集体财产"据为己有"或"私有化",[③]实现地域产业的整体发展。

## 二、产业化对汾酒品质的挑战

### (一)指标精细化对酿酒工匠的双重效应

由于现代社会对于白酒产量的要求数倍扩大,在现代科技发展下,酿酒的主要指标也日趋完善。酿酒活动逐渐从一种过去的工匠艺术成为一种程序化作业。通过与汾酒技术中心主任的访谈,笔者了解到近年来,作为研发部门核心的汾酒技术中心,所做的一项最主要的工作之一就是将酿酒工艺精细化,即通过不同指标的建立,严格控制每一步的数字指标,从而达到缩小差别、实现产量和质量的稳定。

---

① 叶志如.乾隆年间江北数省行禁踹曲烧酒史料(下)[J].历史档案,1987(4):20.
② 张学渝.技术史视野下的传统工艺品牌建设[J].自然辩证法通讯,2020,42(09):79-85.
③ 张学渝.技术史视野下的传统工艺品牌建设[J].自然辩证法通讯,2020,42(09):79-85.

基于此,技术中心开发了一项汾酒全产业的追溯系统,在生产第一线,要求工人每次投产都自主填写,并将此工作纳入绩效考核的范围。通过指标的确定,实现产量和出酒率的稳定。除此之外,对于和糁的水温、水量、大楂、二楂的酒精度、水分等情况都有严格的参数控制标准,由于涉及行业机密,在此不一一展示。

过去的酿酒匠人拥有精湛的技艺傍身,可被称作"酿酒大师",时至今日,仍然有"酿酒大师"的评选活动,通过理论和实践的考核,由名酒厂推选人选上报上级,经过考核选拔获得该称号。然而在现代化生产的背景下,酿酒匠人在整个酒产品的塑造中作用几何?实际上,指标的存在往往只是提供一个可行的范围,对于一些爱思考、善总结的酿酒工来说,指标犹如一个帮手,减少了在酿酒过程中摸索的错误次数,反而增加了酿出好酒的可能性。酿酒匠人在现代化指标的指导下,能更好地根据自己的理解酿酒,指标给予的范围使得不少工人能够更加大胆放心地进行经验的揣摩和试验。以曾经被评为汾酒十大标兵的王仓同志的经验为例。过去,汾酒厂对酿酒的认识里面有"曲大量大,冷热不怕"和"低温大水分"的理念,王仓从自身实际经验出发,提出"先防、早控、流酒多","冬季保好温、热季敢保温"的理念,[①]将发酵经验总结为"入温稍高,水分稍小,保温要硬,从而品温稍高,酸度较高,酒质就好,而数量也有保证"。王仓的经验得到了实践的检验,从 2003 年立醅开始,汾酒厂的指标便抛弃了低温大水分的操作。[②]可见,指标的确定并不是一成不变的,也是需要结合工人的实际经验进行调整。

而对于另一些酿酒工来说,指标又为他们提供了"懒散"的机会,"很

---

① 张三宝.热血铸酒魂——追记十大标兵王仓同志[G]//阚秉华,张玉让,主编.汾酒人的故事:第一集.太原:山西人民出版社,2006:43.

② 赵迎路.怀念王仓[G]//阚秉华,张玉让,主编.汾酒人的故事:第一集.太原:山西人民出版社,2006:46.

多酿酒工认为工艺标准、工艺参数已经设定了,按照工艺标准、作业指导书给出的参数范围简单执行即可,或忽视了这方面的灵活控制,做成了死控制,或不控制,极大降低了工人在工艺标准参数范围内的能动创造性"。总的来说,指标往往规定的是一个比较大的参数范围,作为一个酿酒实践的参考工具,善用者往往能发挥其功效,不善用者则会认为其是一种枷锁,禁锢了酿酒过程的艺术性。

### (二)机械化生产与手工酿造的平衡

20 世纪六七十年代,白酒生产技术在酿酒机械化方面进行了大量试验和探索。[①]工人们设计和推广应用了大曲块成型机、麸曲白酒机械化作业线、通风晾糟机、行车实现对酒醅的出入池输送、转盘甑桶蒸馏及皮带输送机等机械设施,为后来白酒的机械化奠定了基础。[②]然而到了 20 世纪 60 年代末期,不少厂走上回头路,白酒机械化生产的革命很快以失败告终。有专家对白酒酿造机械化失败的原因进行分析,认为材质、辅料用量大,工艺未能很好地配合及加工设备技术的局限等原因是机械化失败的主要原因。[③]虽然经历了短暂的失败,然而白酒行业对机械化的尝试并没有停下脚步。《中国酿酒产业"十二五"发展规划》中指出"要引导酿酒装备制造业的科技投入,支持一批重大关键技术开发项目和关键设备的研制工作,促进酿酒工业的现代化发展"。2011 年,中国酒业协会提出了白酒"158 计划",旨在大规模提高传统白酒行业的机械化装备水平,提高行业的整体生产效率。计划决定首先开展五个研究项目:制曲机械化、发酵工艺机械化、蒸馏工艺机械化、调酒计算机集成制造技术研究及灌装、包

---

① 徐大慰.新中国第一代劳动模范的社会整合功能[J].学理论,2014(30):67-69.
② 汪江波等.我国白酒机械化酿造技术回顾与展望[J].湖北工业大学学报,2011,26(05):50-54.
③ 汪江波等.我国白酒机械化酿造技术回顾与展望[J].湖北工业大学学报,2011,26(05):50-54.

装、成品库智能管理的研究。[①]白酒行业已经形成共识:机械化、自动化、智能化是白酒行业未来发展的必由之路。

实际上,白酒机械化不仅仅是一种发展方向,许多先进地区的酒厂已经在机械化、智能化的道路上走在了前列。如台湾的金门高粱酒在酿造各环节采用输送带或叉车来实现相互连接,实现了自动化连续操作,其中发酵环节采用地面温控发酵室而不是地下窖池,解决了醅糟出池难的问题,也提高了机械化程度。[②]南方的今世缘酒业于2015年5月成功研制出了中国白酒装甑机器人生产线,实现了装甑的智能化操作;[③]劲牌、洋河酒厂等也进行了上甑自动化的探索。[④]2019年12月,汾酒厂在发展区投资数亿兴建的2间全自动化酿造车间建成投产。从润糁、蒸糁、发酵、蒸馏等过程基本实现全部自动化。每个点位有专人负责监测机器的运行及清扫机器运行后带出的残渣。发酵室由空调控制温度,不设地缸,人工需要通过叉车证的考取完成酒醅和大糙从发酵室到机械化车间的输送。装甑的过程也通过红外线热感应的形式完成,人工在旁进行监测和材料的清扫。机械化的应用受外界天气影响较小,基本上实现了四季生产,同时由于投料是人工生产的1.5倍,也提高了产量,减少了对劳动力的需求。

机械化生产能够降低劳动强度、产量增加、四季生产,是中国白酒发展的一个重要方向。但是由于人们对白酒酿造的自然规律尚未完全掌握,对环节工艺琢磨不够透彻,在机械化的过程中仍然存在一些问题。例如在许多自动化车间,出酒率实际上不如人工酿造的指标高;另外,由于

---

① 王延才.走新型工业化和机械化道路是传统白酒发展的必由之路.酿酒科技,2011(10):106-109.

② 汪江波等.我国白酒机械化酿造技术回顾与展望[J].湖北工业大学学报,2011,26(05):50-54.

③ 刘步东.今世缘酒业建成中国白酒首套装甑机器人生产线[N].华夏酒报,(2015-05-05)[2019-9-14].

④ 张家双,等.固态蒸馏白酒的上甑自动化概述[J].酿酒,2016(5):79.

机械化车间全部人为控制,菌群的生长过程没有经历一个优胜劣汰的过程,由于缺乏空气的接触,不能实现"自愈",犹如"温室里的花朵",后期影响微生物菌群的生长繁殖,形成优质酒的概率大大降低;除此之外,机械化并不能完全实现机械操作,需要人工进行机械的清扫和控制,也有可能产生一些安全隐患等问题。除了有可能影响酒质外,机械化面临的最大困境或许是粮食酒的性质定位问题。实际上,我国的白酒业曾经在20世纪90年代掀起过一场"弃机械改手工"的风潮。[①]此后,与其他工业标榜现代科技手段有所不同,白酒生产不论是实际作业还是广告宣传,都突出标榜遵循古法、延续传统的特点,然而现代工业的发展及消费社会对于产量的巨大需求又使得白酒行业要遵循机械化量产的发展规律。这样一来,二者之间就存在一种持续的张力。

对于汾酒产业的决策者来说,一方面,认同酿酒工匠的人工酿造是生产好酒的必备手段。因此在自动化车间生产出来的酒一般只能作为普通等级的白酒进行后续的勾兑、成装等过程。事实上,即便是酿酒工匠水平参差不齐,在人工酿造过程中,不论是酿造的哪个阶段,酒醅通过与地面空气充分接触,也能获得最佳的发酵条件,本身与全自动化的生产过程就有所不同;另一方面,机械化、智能化的发展又是企业提升产量、抢占市场份额的一个必由之路。因此,在酿酒业就产生了这样一个怪象:酒的"人工"属性使得其在轻工业机械化、现代化的背景下,不能坦坦荡荡地接受机械化的洗礼。尤其表现在面对不明就里的消费者时,往往用"文化""匠心""纯手工"等术语进行包装,维持其文化酒的形象;但是与此同时,发展现代机械又成了各大酒企争相研究的重点项目。如何实现手工生产和机械生产的平衡,或许成为未来中国白酒发展面临的重要课题。

---

① 张志民,吕浩,张煜行.衡水老白干酿酒机械化、自动化的设想和初步试验[J].酿酒,2011,38(01):19-23.

### (三)流水线生产对酿酒环节的异化

按约定俗成的规矩,酒班一般有"七大员":三名场上工、一名发酵工、一名贴甑工、一名装甑工,还有配料工,其是整个班组的大组长。最初进酒班一般从场上工做起,负责倒糁、润糁、擦甑、清理场地等工作。贴甑工负责装二楂和给大楂贴甑的工作。作为组长的配料工负责对整个班组的作业进行布置和监督,并通过多年的经验在环环相扣的酿酒过程中全程把握大曲和粮食、辅料等的比例,粮食、水分、温度的关系等情况。虽然,酒班只是负责酿酒的工作,然而许多酿酒工为了酿出好酒,常常到粉碎车间、制曲车间等其他车间学习,练就了一身"全能"的本领。有工人回忆道:

> 在厂里酒班上不一定去看粉碎,我们在这里就去看,去年刚开始立醅的时候,用的是前年的高粱,粉旧高粱也不大荡,一粉新高粱就荡,新的湿可比旧的还要荡了,后来,大家一研究,新高粱冻了,就是这原因。

酿酒工人不仅酿酒,还对高粱的品种进行研究,调查不同品种的高粱和质量对出酒的影响。过去常常看到这样的情形:

> 粉碎的、做曲的、评酒的、做酒的经常在一块儿喝酒谈论。

大家交流心得,互相学习。

> 以前都是酒班上去看曲,红糁(等材料)杂质多少,水分多少(都要知道),现在谁给操这心呀!俺们定下杂质多少,他们就给免了,主

动权在咱手里,而现在是送来啥使用啥。①

　　这种酿酒车间工作状态的转变,不能简单地用工艺的"丢、改、退"或人们责任心的缺乏这种主观因素来概括。从劳动过程的分解来看,因为流水线生产、劳动失去联合之后,劳动的自我实现和非异化的功能被剥夺。正如哈里·布雷弗曼在对劳动异化的研究中所说的那样:"工人可能把劳动过程分成若干部分,但是他永远不会自愿地把自己变成终身的局部工人。"②他认为,随着工匠技艺被摧毁或日益丧失其传统内容,劳动人民和科学之间早就很脆弱的残存的纽带也几乎完全断裂。③通过分工,降低了工人的劳动能力,并且工业装配线的存在是一种以"科学知识"的座位和工业技术为基础的"野蛮的遗迹"④。布雷弗曼对于资本主义劳动分工的分析建立在对资本主义工业社会的马克思主义的批判之上,然而对于酿酒工业从劳动联合到劳动分工的发展也具有一定的借鉴意义。

　　在过去,酿酒活动的踩曲、粉碎、酿造、蒸馏、勾兑等过程都是同一个酿造班底所包揽,甚至连生产和销售都是同一批人承包,民国时期所谓"前店后厂"指的是酿酒制作和销售为一体的情况。在这种综合性的劳动中,当工人支配了自己的劳动使之按照工作计划行动时,他们就能看到自己的劳动融入了产品之中。哈利·布拉弗曼关于劳动非异化的观点认为,劳动一旦失去联合,在工厂里就表现为劳动任务与执行过程的脱节,因此劳动的计划者应该从工人中间产生,劳动是实现自我的潜力和非异化的

---

① 根据与酿酒老工人访谈资料整理。
② ［美］哈里·布雷弗曼.劳动与垄断资本［M］.方生,朱基俊,吴忆萱,陈卫和,张其骈,译.北京:商务印书馆,1978:72.
③ ［美］哈里·布雷弗曼.劳动与垄断资本［M］.方生,朱基俊,吴忆萱,陈卫和,张其骈,译.北京:商务印书馆,1978:119.
④ ［美］哈里·布雷弗曼.劳动与垄断资本［M］.方生,朱基俊,吴忆萱,陈卫和,张其骈,译.北京:商务印书馆,1978:209.

过程。这就是劳动的主要特征,也就是工人与他们的劳动产品的互相认同。[①]而在现代化的酿酒工业中,这个特征被逐渐削弱了。流水线生产和自动化生产技术的运用使工人被"异化"为生产线上的一个环节,将"全能工人"化解为"局部工人"。[②]

然而对于这样的变化也不能一概而论。现代社会对产能提出的新的要求使得流水线生产成为一种必要的组织生产的方式。20世纪中期汾酒厂的几次扩建将汾酒产量从几十万吨扩展到几千万吨,这个数字背后带来的是对于酿造过程的重新反思——通过人工老熟和扩建工厂的方式完成产量上的供应。在蒸馏出酒后,得到的头槽酒和二槽酒只是度数很高的汾酒原酒,还不能真正的面世。需要交库后经化验评定,然后分级贮存。通过计量和分级进行收酒,将原酒分为四个等级并将同级兑在一起,称为并酒,之后用不锈钢罐将酒贮存起来,称为贮酒,在经历收酒——并酒——贮酒之后,还要对其进行老熟处理,即将原酒送往除浊处理工序进行深加工,通过人工技术加速原酒陈化,以达到缩短贮存时间,提高贮存效果的目的。同时进行勾兑,降低度数。老熟处理的半成品酒则通过专用管道进入传统酒库的陶缸进行贮存。至此,汾酒制作才算真正完成,交给半机械化的流水线进行成装的工作。酿酒被窄化为汾酒生产工艺的一个环节。

实际上,不仅是中国的白酒行业,在法国的葡萄酒产业,同样面临着这个问题。特级葡萄酒的出现带来劳动任务的分化——一部分负责葡萄栽培,另外的负责酿造。这样一来,对于许多早先就具备葡萄种植和酿酒

---

① [美]罗伯特·C.尤林.陈年老窖:法国西南葡萄酒业合作社的民族志[M].何国强,魏乐平,译.昆明:云南大学出版社,2012:154-176.

② [美]罗伯特·C.尤林.陈年老窖:法国西南葡萄酒业合作社的民族志[M].何国强,魏乐平,译.昆明:云南大学出版社,2012:58.

关系的农工,使得他们的劳动贬值了。①现代化的生产环节,将过去以汾酒酿造和大曲制造为核心的生产过程被稀释,老熟、贮配等环节共同塑造了汾酒的品质。汾酒酿造从一种酿酒匠人个人的艺术转变为酿造、贮陈、老熟、勾兑等不同工序叠加完成的酒文化丛的综合体。不同环节的匠人对于汾酒的理解也许各有不同,他们共同形塑了汾酒的独特气质和风格。在新的现代化酿造的背景下,如果将汾酒看作一项包含生产、销售、科研、销售等诸环节的一个技术丛,人的属性赋予物质特性的能力从未消失,反而比过去更加多元。

## 三、对汾酒营销策略的思考

20世纪90年代以来,白酒行业进入市场经济管控,经历了"力量准备"和"技术准备",开始进入"品牌准备"阶段。②与此相适应,汾酒的发展也需要将技术与文化特色相结合,打造属于自身特色的产业品牌。

### (一)注重技术凝结物的文化特质

首先,可以通过包装来讲述文化、历史故事,往往比生硬的口号要生动得多。从20世纪不同年代的汾酒包装可以看出时代变迁的印记。20世纪五六十年代,正值社会主义建设时期,此时汾酒包装上始终有"红星"的标志,并配以杏花、古井亭等代表汾酒的标志性元素,将"巴拿马赛会一等奖章实影"点缀其中,作为其权威性的标志;20世纪六七十年代,成立"四新牌",反映了"文革"期间"破四旧、立四新"的时代背景,四枚国际奖牌也被"山西特产"四个字所替代。20世纪七八十年代,在酒瓶形状上开

---

① [美]罗伯特·C.尤林.陈年老窖:法国西南葡萄酒业合作社的民族志[M].何国强,魏乐平,译.昆明:云南大学出版社,2012:154-176.

② 马勇.中国白酒三十年发展报告(上)[J].酿酒科技,2016(02):17-22.

始做文章：1973 年开始，大量使用了琵琶瓶汾酒，并配以"牧童遥指杏花村"的字样及万树杏花的图册；20 世纪 80 年代以后大量使用观音瓶的瓶身，除此之外，萝卜瓶、双耳瓷瓶等新样式层出不穷。进入 20 世纪 90 年代，零星有一些十分具有创意的包装产生，如做成牛仔"布袋"形状的汾酒，1995 年开始使用乳白玻璃瓶；1994—1997 年的 28 度低度汾酒的包装盒上出现了绘制精美的"唐朝名将汾阳王郭子仪庆寿图"；1997 年推出了水晶瓶、珠光盒汾酒。[①]尽管不乏一些有创意的包装生产，然而数量较少，大部分外销的汾酒都是以玻璃瓶或瓷瓶为主。

从汾酒历年的产品包装可以看出，其关注的元素主要集中在国内外获奖、杜牧的《清明》诗句：杏花和牧童元素，以及酿酒原料高粱等因素。实际上，汾酒文化所包含的内容远不止于此。20 世纪 90 年代出现的"郭子仪庆寿图"可谓是一众包装里难得的文化之笔。除了郭子仪"化干戈为汾酒"的历史典故外，在历史方面，闯王李世民倚马立书"尽善尽美"、李白醉校郭君碑[②]、"晋阳宫之变"李渊父子在晋祠用陈年汾酒祭祀天地等都可以作为文化的素材。有人认为，"汾酒品牌的衰落在于没有找到一个和主流相关的故事、让品牌立住的故事"，这种说法其实不无道理。近年来，茅台镇通过将酒文化、长征文化、盐运文化和地方民俗文化相结合，打造出了一个独属于品牌气质的故事；[③]实际上，不论是牧童、还是杏花都只是一个文化元素，而非一个打动人心的故事。结合唐朝诗酒文化和清末民初的晋商文化，以及当地盛行的饮酒文化，可以衍生出很多有文化意义的"主流故事"。

另外，对文化特质的关注，并非完全局限于对历史的考证。近年来

---

① 张崇慧.汾酒收藏[M].太原:山西经济出版社,2018.

② 《汾酒曲》:"琼酥玉液漫夸奇,似此无惭姑射肌.太白何尝携客饮,醉中细校郭君碑."

③ 邹洪涛,程海帆.基于酒产业导向下的贵州省赤水河流域小城镇地域特色发展研究[J].城市建筑,2019,16(17):13-26.

"汾酒与晋商"主题的文化节的召开是对于汾酒历史和文化的一个有益的唤醒和回顾。然而现有文献多从汾酒的传播、扩散的权威视角进行分析，试图论证"白酒祖庭"的中心议题。这种思路原本也无可厚非。然而当今时代，人们正逐渐进入日益碎片化、原子化的后现代社会，对于个性的追求大过对于"权威"的服从，对于个性化、趣味性的事件的关注多于对严肃、板正的解读。杏花村可以挖掘出一套更加接地气的酒文化故事，而不是仅仅将"杏花村特色小镇"落脚于白酒工业生产基地的维度之上。实际上，在日益浮躁、物质极大充裕的今天，汾酒厂的酿造工人正是我们这个时代最为典型的匠人精神的践行者和传统文化的守护者。

从当代汾酒人的奋斗历程及其与杏花村技术共同体的关系来看，也许"杏花精神"更能概括这种"汾酒文化"的精神内涵。事实上，在历史上，"杏花精神"一度被汾酒人提出并践行着。汾酒厂内部的资料将杏花精神总结为：团结、创新、务实、求精；阚秉华、张玉让主编的《汾酒人的故事（第一集）》收录了温兰勤、张军撰写的《杏花精神——杏花村汾酒厂在现代化建设中阔步前进》一文，将"群体自信"归结为杏花精神的支撑点，"质量意识"总结为杏花精神的灵魂，"时效观念"作为杏花精神的表征，"上下理解"作为杏花精神的向心力。[①]除此之外，该书还提到了"汾酒大曲精神"——爱岗敬业、以厂为家的精神。其中，兢兢业业、默默无闻、刻苦耐劳、甘于奉献的品质被誉为汾酒大曲的光荣传统。[②]大曲精神的概括来源于制曲工种的特性：卧曲、翻曲和看曲是大曲发酵的三大工作，从卧曲开始要求曲工"手似一杆秤、眼似一股绳、拿曲知轻重、翻曲如城墙"。为达到这一要求，每次翻曲都要进行轻重虚实的调整，直到成曲出房为止。因

---

① 温兰勤，张军.杏花精神——杏花村汾酒厂在现代化建设中阔步前进[G]//阚秉华，张玉让，主编.汾酒人的故事：第一集.太原：山西人民出版社，2006:305-326.

② 王建耀，霍永健，王广峰.邓同旺的大曲人生[G]//阚秉华，张玉让，主编.汾酒人的故事：第一集.太原：山西人民出版社，2006:81-82.

此,在培曲的关键阶段,大曲工人往往需要吃住在车间,与漫天飞舞的小飞虫:"曲牛牛"为伍,十分辛苦。

除此之外,可以将曾经将"老白汾"送往美国参展的历史事件进行复盘,还原历史细节,在"诚信"文化的打造之余,可以将汾酒文化进一步增添"爱国""义气"等不同内涵,通过历史细节充实文化精神的骨肉。对于历史文化的追溯固然是进行文化挖掘的一部分,而且这一部分在发展中不可或缺,然而真正吸引消费者的文化事项则还需在细节处进行深入剖析。

### (二)结合消费需求进行酒体宣传

汾酒"清香汾酒,名传天下"的广告语深入人心。而"清香"型酒的概念是在 1979 年第三届评酒会上确定的。在这次评酒会上,确定了四种香型白酒的风格特点,统一了评分标准。[①]这样分香型的评选初衷是为了避免前两届评酒会遇到的"香气浓者占优势"的情况再次发生,使得评选更加公平,此次评酒会召开后,汾酒明确了自身所属的白酒香型,以"清香型"白酒自居。在以后的宣传当中,也以此作为自己营销的卖点。然而消费者对于"清香"的科学概念不甚了解,这样一来,"清香"概念成了一种模糊的描述性认知,并且只能体现在品味的最后阶段,对于制作工艺、科学指标过程中"清香"特质的体现不甚了了。同时,1988 年第五届评酒会召开之后,分香型评比滥觞,香型的确立甚至成了一种肮脏的"金牌交易",直接导致了评酒会权威性的丧失,此后,国家将评酒活动叫停,[②]"分香型"也被污名化。汾酒花大力气打造的"清香之源"的形象也削弱了影响力。

实际上,可以结合汾酒本身的酒体特征,对其酿造工艺进行最直接、

---

① 李大和编著.白酒勾兑技术问答[M].北京:中国轻工业出版社,1995:20-46.

② 袁秀平.统治酒类销售的是文化[M]//任志宏.酒博览.太原:山西人民出版社,2001:425-426.

简洁的说明。据专家考证,汾酒最重要的一个特征在于酿造过程的"干净""纯洁"和口感的"爽净"。《杏花村里酒如泉》中记载了一段酿酒专家秦含章与邓颖超同志的趣谈:

> 在 1964 年召开的第三届全国人民代表大会期间,一次小组会上,作为代表的秦含章,请邓颖超同志转达他对周总理的建议:"今后宴请客人时,可以多饮汾酒。"

在谈到原因时,秦老以四个字概括:"汾酒纯洁"。[①]这个结论的得出源自此前以秦含章为代表的酿酒专家对于汾酒从水质分析到原料、辅料的加工化验,再到发酵、蒸馏、贮存、勾兑等全过程的专题研究和科学实验。正因汾酒将有害杂质降到国家规定允许范围的"几十分之一到几百分之一",才能达到"饮而不醉,醉而不上头"的效果。

在汾酒文化发展研究中心印制的《四最汾酒》的小册子中,依据工艺和文化将汾酒特点概括为"最干净、最纯正、最健康、最文化"四个特点,其中前三个特点都是围绕着"纯洁"这个核心特点所展开的。"健康"指的是汾酒的农残指标、组成成分指标不但达标,而且低于国家指标好多倍。"干净"的特点主要围绕水质、原料、工艺、器件的选用和采取——汾酒水质属于郭庄泉岩溶水系;原料采用在东北、甘肃等基地专门种植的高粱,辅料则高价收购宁夏河套地区的优质稻壳;工艺与"混蒸法"不同,每生产一次,原料全部倒掉不再利用,在该书中用"小灶"相比于"大锅饭"的比喻进行了形象论述;另外,采用地缸发酵的方式,每年夏季都会清洗、换缸,确保在材料跟水分、土壤充分接触的同时不浸染邪杂。"纯正"的特点则主要通过其消费的选择来看。由于只经历了两次发酵的过程,在酒醅中仍然

---

① 刘集贤,文景明.杏花村里酒如泉:山西汾酒史话[M].太原:山西人民出版社,1978:108.

有 10% 左右的淀粉时就丢掉,防止邪杂味的产生。因此,一些食物加工厂家往往会倾向于选择汾酒作为基酒来处理食材。如一些腊肉、牛排经过汾酒的浸泡来去除腥味,还能同时保有食物原本的味道,汾酒用于药材的浸泡也往往能发挥其效用。另外,也是由于汾酒纯正的特点,成为鸡尾酒调制的绝佳的基酒。从这个角度看,汾酒的宣传完全可以以"纯净"或"纯正"为卖点,来迎合现在的消费需求。将模糊的描述变为具象的与消费者切实相关的事项,既避免了因不能理解造成的文化隔阂,也有利于汾酒市场的开拓。

# 第三节　汾酒技术文化风格的调整和重构

新中国成立初期,我国工业百废待兴,在"大跃进"的思想下,白酒领域实现以机械化的量产为目标的生产,并且由于物质的匮乏,人们对于饮酒的需求追求口味的刺激:"五六十年代经济困难期有酒就行;七八十年代香大就行,追求香大为好酒。"[1]随着物质生活水平的提高,人们对酒的需求逐渐产生新的变化,有了新的要求,不但追求"香大",更加注重"健康""时尚"等元素,对汾酒技术文化风格提出了新的要求。

## 一、"健康"导向下汾酒的降度

清代学者袁枚曾形容汾酒的口感烈如火焰,如"酒中之酷吏",而汾酒的这一特点在高度白酒中更能彰显,新中国成立初期,物资匮乏,饮用高

---

① 张国强.白酒技术发展趋势的思考[C]//沈才洪,主编.白酒技术协作论文集,2005:166-120.

度数的"玻璃汾"成为当时的一种流行。新中国成立初期外交部在《关于招待外国使节工作的改进办法》中也提到"如需用烈性酒则用汾酒"。可见,汾酒烈性酒的特质。可以说,汾酒烈性酒的特征与新中国成立初期国民对于口味刺激的需求相契合,与汾酒厂的量产策略一起,促成了其在七八十年代的全面流行。

经历了物质的发展,人们对白酒的认识也逐渐趋于理性。对健康的诉求充斥白酒界。在1979年举办的第三届评酒大会上,在首次参评的4个酒样中,39度双沟特液率先获得了国家优质酒称号,透露出国家层面对于低度酒的喜好倾向。在1987年召开的全国酿酒工作会议上,又进一步提出了白酒"优质,低度、多品种、低消耗"的发展方针,并实行"四个转变",即高度酒向低度酒转变,蒸馏酒向酿造酒转变,粮食酒向果类酒转变,普通酒向优质酒转变。其中高度酒向低度酒转变,要求除名优酒外,普遍要降到55度以下。①国家层面对于低度酒的号召,一方面,是国家实现转型发展,节约粮食与资源的重要举措;另一方面,也是我国与国际接轨、参与国际外交的一种方式。近年来,欧美和日本等国家研究低度酒和无酒精饮料,已经形成一种发展的趋势。低度酒更能够适应国际上对于酒类标准的要求。②

在这样的背景下,20世纪80年代,降度成为摆在包括汾酒在内的名白酒的一项必要的举措。如茅台酒是55度和52度,五粮液酒是55度,而汾酒直到1984年还是65度。③原因在于,汾酒作为烈性酒的代表,一

---

① 李大和,编著.白酒勾兑技术问答[M].北京:中国轻工业出版社,1995:2-20.
② 威士忌,白兰地等酒种,它们的酒度虽在40度左右,但饮用时要掺兑矿泉水、加冰块等进行稀释;北欧诸国过去传统直接饮用酒精含量较高的伏特加等,目前这种饮用方式已在减少,如芬兰等国已转向稀释饮用方式。日本的烧酒从50年代末消费量逐年下跌,70年代中期推行低度烧酒后恢复了生机,消费量逐年上升。
③ 常贵明.变与不变——怎样提高企业的应变能力[G]//文景明,柳静安,编.杏花村文集:第1集1933—1989.北京:北京出版社,1992:30.

且降度,很容易丧失自身的风格,如果降度不成功,不但不符合国家降度的倡导,对酒体本身的影响也很大——一般认为,浓香型白酒降到 38 度,基本上还能保持原酒风格,并且芳香醇正,后味绵甜。而清香型白酒含香味物质较少,降度后风味变化较大,尤其降至 45 度时,口味淡薄,有可能会失去原酒的风味。然而汾酒在降度实验中取得了一定的成绩,相继推出了 48 度、53 度、60 度、45 度、55 度白酒,1995 年推出了 28 度的低度汾酒。①

近年来,汾酒厂围绕"健康"的方向,进行了新产品的开发和项目的论证。2003 年,沿着从"田间到餐桌"的思路,打造了"全产业链企业",从有机原料基地、白酒生产、销售、零售酒庄四个环节,打造白酒的健康理念。另外,2012 年起,汾酒产品追溯系统的使用,保证从原粮—制曲—酿酒—储配—成品—市场整个链条都有据可循,也是在健康方向发展的一个方面。2020 年,汾酒技术中心与中国食品发酵工业院达成战略合作,开展了一项关于汾酒饮用舒适度的相关研究,也是迎合了消费者对于健康的诉求。

## 二、"尊贵"与"时尚"需求下汾酒产品的多样化

如果从生产和消费的角度来理解汾酒地位的滑落,我们可以发现,汾酒的全盛时代正是中国社会进入以"生产"(制造)为中心的社会时期;而汾酒地位的滑落则是中国社会"消费"时代崛起的时期。在"工业社会",以酿造业为代表的中国工业进入了高歌猛进的阶段。在这样的背景下,汾酒厂的大规模扩建既是计划经济时期国家宏观层面上对于大规模工业生产方式的一种偏好,也是通过产能的提高,满足人民群众对于日常消费

---

① 张崇慧.汾酒收藏[M].太原:山西经济出版社,2018.

的需求,从而实现"物美价廉"的目标;同时也是山西地区转型发展的一种有力举措,通过汾酒厂的扩建,彰显政府发展轻工业、平衡工业结构的决心。然而这样大规模的发展却也埋藏了不少隐患。其中之一,就是"生产与消费的联接"一旦中断,就会带来结构性的问题。正如米歇尔·阿吉列塔与阿兰·列别策所提出的那样:"生产与消费的联接(articulation)对于资本主义再生产来说是至关重要的,一旦联接的链条中断,就会爆发经济危机。每一个联接方式都有自己的极限,一旦联接的链条中断,就会有新的联接方式取而代之。"①在计划经济时期,一切都是统筹安排,工人的家庭消费并不构成社会经济发展的重要组成部分。

随着国家逐步放开市场,从指令性的计划发展成为指导性计划,人们的生活消费品不再来自分配,消费对象成为必须从市场上购买的产品,在这样的背景下,工人也加入了消费主体的大军,个人对消费的占有支配了消费的具体实践。这样一来,消费行为就成了市场的选择。汾酒厂扩建和不提价的"民酒"策略本来想迎合工人阶级的需求,通过"质优"且"价廉"的品牌优势赢得市场,然而此策略只能在生产社会,政府主导生产和消费的背景下奏效。

市场放开后,物质产品逐渐承载和渗透了越来越多的非物质因素,所谓"商品美学",商品的设计、包装、广告在商品生产中占据了越来越重要的地位;同时,符号体系和视觉形象的生产对于控制和操纵消费趣味与消费时尚发挥了越来越重要的作用。形象本身也是一种商品。有学者认为,在消费时代,人们消费已经不应该按阶层分级,而应该以不同的生活方式、生活风格来划分。并且依据凡勃仑的"炫耀性消费"理论,在消费社会占据"主因"的社会中,"商品即符号,符号即商品"。

在这样的背景下,汾酒力图打破过去"一流品质,二流包装,三流价

---

① 罗钢,王中忱,主编.消费文化读本[M].北京:中国社会科学出版社,2003:前言3.

格"的市场定位,1980 年就开始在商品包装上下功夫。经过多次试制确定,采用了烟台玻璃厂生产酒瓶、上海日化制罐厂加工瓶盖、无锡外贸印刷厂印制商标。采用纯白瓶和绿色瓶对汾酒和竹叶青酒分别进行包装,体现产品的不同特色。同时,设计了四种不同的陶瓷瓶:琵琶瓶、竹笋瓶、观音瓶和双耳瓶,这在当时是很大的突破。[①]

为了迎合不同的市场需求,2000 年开始,汾酒推出了"水晶国藏汾酒",2004 年 12 月,玛瑙瓶包装的国藏汾酒"以其深厚的文化内涵、优越的品质和独特的口感",被国家博物馆永久收藏。2010 年,又相继推出"至尊国藏汾酒""经典国藏汾酒"等。同时,汾酒还开发了一些新的营销方式,推出了定制酒。如"汾酒藏"系列,为未来的纪念日藏酒;"诞生纪念酒",为即将出生的宝宝定制汾酒,将产品价格与新生儿体重相联系,具有独特的纪念意义。在饮用方式的推广上,由于汾酒清楂法的制作特点,没有邪杂味,常常可以被用作一些食材的天然调料,如制作腊肉、牛排、泡药材等;还可将汾酒作为年轻人喜爱的鸡尾酒的基酒进行营销,从酒体设计和营销策略上贴合多层次的消费需求。

# 第四节　小结

本章从消费需求的历史变迁来分析汾酒技术文化风格形成的社会影响因素。汾酒的技术文化风格正是迎合了不同时代的消费需求而得以形成和发展。汾酒发展历史上,人们一直将酒质清澈和酒度提升作为白酒酿造技术的审美取向,而率先使用蒸馏技术正好满足了这一发展要求;新中国成立以来,百废待兴,汾酒的烈酒特质又符合了人们当下的消费需

---

① 衡翼汤.山西轻工业志 上[M].山西省地方志编纂委员会办公室,1984:71.

求,通过量产的策略,汾酒的技术风格被更多人所了解和接受。

　　然而在产业化的过程中也产生了种种问题:如汾酒从过去的"汾型酒"被窄化为单一的"汾酒"品牌,产业化背景下注重指标的达成及机械化、流水线生产对于原有生产模式的全新挑战。

　　随着我国的发展阶段从生产社会走向消费社会,人们的消费需求呈现出多样化的趋势,过去单一的技术文化风格已经不能满足人们的需求,汾酒的技术文化风格实现了一次大的调整和重构。主要围绕两个方面展开:一是"健康"理念;二是对"身份"和"时尚"等要素的体现。针对第一个消费需求的转变,汾酒进行了降度的尝试,打破了过去单一高度白酒的局面,开发了多个低度酒,满足人们健康饮酒的需求;针对第二项需求,除了对于酒体的改造,通过开发新的品类、拓展饮用方式等多渠道实现风格的多样化。

# 第七章

# 结论和讨论

## 第一节　研究的主要发现

传统技术与传统文化互为表里,通过对作为物质文化的传统技术的研究,我们能够更好地观照人类自身的发展和社会的变迁。本书选取作为日常技术的汾酒酿造技术为研究对象,考察汾酒"清香型"技术文化风格的社会形成及其形成过程中技术、文化二者之间的互动关系。综合运用技术社会学、文化社会学、历史社会学的研究方法,通过回顾汾型酒的历史形成过程,本书得出以下几点研究发现:

第一,作为一种久远传承的物质文化,汾酒以技术—文化综合体的形态存在,具有独特的技术文化风格。

中国白酒既具有与其他传统技术或传统工艺相似的特点,如最初在技术萌芽阶段,离不开当地原材料的天然赐予。所谓"天有时,地有气,材有美,工有巧。合此四者,然后可以为良"。白酒最初的起源往往都是在适宜高粱等原料生长的地方萌芽的。同时,与其他传统技术一样,白酒酿造技术的发展也离不开师徒之间的技能传承。"相语以事,相示以功,相陈以巧,相高以知,旦夕从事于此,以教其子弟。"①对技术的专注成就了技能的专业。然而中国白酒区别于其他传统技术的特点,在于其从技术设计到技术的工艺流程,再到技术功能的呈现都同时受到技术本身的发展路径及文化因素的共同作用,具有自身的技术文化风格。所谓"技术文化风格",即蕴含在白酒物质文化中的,由特定的技术和文化因素共同构成的一种区别于其他物质的典型特征。在风格的形成过程中,有时技术因素占据主导地位,有时文化因素起决定作用,有时技术和文化二者相互缠绕,共同发挥作用。可以说,白酒兼具技术—文化特质的特点是区别于其他物质文化的主要特征。

通过对汾型酒的历史形成过程的研究,本书发现作为中国三大香型的名白酒之一,汾酒具备典型的技术文化风格,即"清香型"的风格特质。清澈透明、清香纯净,味道醇厚、淡雅悠远,得造花香、道法自然,都是其清香风格的体现。"清香型"特征不仅是一种从化学成分上学理的界定,也蕴含了汾阳地方性文化、山西商帮文化等文化因素的渗透。汾酒酿造的"清楂法"的确定,与当地文化当中"义利诚信"的精神品质相契合,"较长的发酵期"一方面确定了汾酒的口感,同时也是山西汾酒商人在激烈的商业竞争中的历史选择。在技术沿内史路径发展的同时,文化因素的介入使得其进入了特定风格的发展轨道,造就了其"清香型"的风格。

第二,汾酒技术文化风格的形成不是一蹴而就的,其技术风格和文化趣味经历了复杂的社会演化过程。

回顾汾酒的发展历史,我们看到从山西酒到汾型酒,再到汾酒品牌的确定,汾酒风格的确定经历了一个漫长的历史阶段。最初,汾酒前身"汾

---

① 孟宪承,选编.中国古代教育文选[M].北京:人民教育出版社,2003:2.

清"酒在正史典籍《北齐书》上出现,源自其"清酒"的特质在古代白酒的一众"浊酒"中脱颖而出;北魏时期的《齐民要术》则记载了"河东神曲""曲为酒之骨",山西河东地区采用的"神曲"糖化发酵力数倍于普通"笨曲",使得山西酒在酒度上得以超越其他酒类,一骑绝尘;宋元时期,蒸馏技术的引进使得真正意义上的"烧酒"出现,汾型酒从过去单一的"清澈""高酒度"的技术文化风格又增加了新的文化趣味:在祭祀、仪式的饮用中具备了"契约文化"的意义,晋商对于汾酒的追捧使得其又具备了"乡党情怀",民国时期"老白汾"在国际、国内屡获金奖,使得汾酒又具备了"爱国主义"的意涵。技术的发展与文化的多重塑造共同形塑了汾酒的风格和形象。汾酒从一种地方性的酒类发展成为全国知名白酒。

伴随着社会发展从生产时代进入消费时代,人们的消费需求也逐渐产生新的层次和要求。从最初的"有酒就好""香大就好"发展为"健康""尊贵""时尚"等多元诉求,由此,汾酒的技术文化风格也发生相应的调整。从过去单一的高度"烈酒"调整为多个酒度,在酒体口感、产品包装、营销手段等方面也多有调整,从技术和文化双向实现风格的重构。

第三,汾酒技术文化风格的形成,受到政治、社会、文化、经济等各种社会因素的影响,是社会形塑的产物。

汾酒技术文化风格的形成,离不开其自身从传统技艺向产业技术的跨越。而在其从地方技艺向产业发展的过程中,在不同的历史阶段,政治、社会、文化、经济等因素都发挥了不同程度的作用。在汾型酒的初步定型阶段,汾阳地方的重商文化及资本主义萌芽下汾酒作坊激烈的市场竞争,为汾酒技术文化风格形成提供了一个经济背景;而在汾型酒向汾酒品牌过渡的科学化阶段,国家出于白酒的经济杠杆作用及保护民族工业的目的,对汾酒进行了科学化的解读,这种政治外力的介入帮助汾酒实现了技术文化风格的清晰化和再确定;在汾酒的产业化阶段,新的消费需求和产业发展目标对汾酒技术文化风格提出了新的挑战,对于酒体的调整、酿造手段的人工或机械化的选择等问题，不仅是技术问题，而且也囊括了对于社会、文化、经济等问题的思考。

# 第二节 研究的理论含义

第一，以往关于传统技术的研究，多是将文化因素置于社会因素之中，分析技术的社会形塑过程。本书关于传统技术"技术文化风格"的研究，将"文化"和"技术"置于平等的位置，不仅运用文化研究的方法研究技术，而且将文化纳入一种结构性视角进行看待，研究二者相互之间的作用关系，提出了一种技术研究的"强文化"范式。

在建构主义兴起的背景下，技术的社会形塑理论逐渐兴起。特勒弗·平齐和韦伯·比克等人明确提出用建构主义的方法来研究技术，将技术人工制品置于社会建构的框架中，将理论重点放在社会是如何影响、塑造技术，即技术是如何在特定的社会条件下形成或定型的。在这样的背景下，技术的"黑箱"被打开，充分采纳文化、社会群体、政治、社会等不同因素在技术中形成的影响来考察技术形成的深层次原因。技术的社会形塑理论的提出，相比较技术决定论将技术视为"历史演进的主角""具有内在逻辑价值的产物"的观点，具有一定的进步意义。然而也存在一定的局限。社会形塑论虽然用"无缝之网"的比喻来形容技术与社会之间的关系，然而在实际的理论运用之中，仍然侧重于强调社会对技术的影响和形塑。对于技术的风格特质缺乏文化层面的描绘和解读。

长期以来，文化现象因为其自身的"相对性、不确定性、多样性和过程性"等特质一直未被主流学科所重视。20世纪中期以来，人类学家率先开始对所谓的"先进文明"进行反思，社会学家也出现了文化的转向。在技术社会学领域，人们也开始将技术人工物与地方社会、文化背景等联系起来。以白馥兰为代表的科技史学家特别关注的是通过微观的技术史的发展路径来反思技术史发展过程中"中心化"的发展趋向,她认为,"如果具体的科学或技术转变成普适的知识,我们就有必要去考察这个转变的过程"。在这样的思路背景下,白馥兰从科技人类学的视角,考察了诸如包括房屋建筑、纺织和生育在内的"妇术"(gynotechnics)等古代科技。可以说,科技史学家关注的"文化"是一种宏观层面的文化背景,总体上来说,仍然遵循的是"自技术而来,向社会而去"的理论进路。①

还有一类科技人类学的研究,则是发生在科学社会学的"人类学转向"(anthropological turn)的背景下。这种认识与技术决定论是两个相反的极端,它将现代科学完全视为一种文化现象,在认识论和方法论上通常采用人种志(ethnography)的方法来研究,如拉图尔的《实验室生活》、谢廷娜的《知识的制造》等,运用人类学的研究方法对科学知识的微观建构进行经验的论证。

本书对待技术形成中的文化作用,既非将其仅仅视为社会因素的附属物,忽视其在技术形成中的独特作用,也不将其视为一种背景的统领作用,过分夸大文化的作用,而是将"文化"视作一种与"社会"因素类似的结构性因素。这种对技术研究中的文化的看法,受到了亚历山大"强文化"范式的启发。亚历山大的强文化范式,即一种推动文化在社会结构中"脱钩",强调文化在社会生活方面的重要作用的思潮。这种思潮继承了格尔茨"深描"的研究方法,将文化分析视作一种解释性科学。本书对于技术的研究,则是一种"强文化"范式在技术领域中的应用。通过对于技术文化风格的研究,更能了解技术发展在地方社会、不同历史进程中的地位和作用,窥见技术与人类社会之间的内在关连。

---

① 雷环捷,朱路遥.农业史和妇女史视域中的技术与社会——白馥兰中国技术史研究探析[J].自然辩证法研究,2019,35(02):92-98.

第二，综合采纳技术人类学、文化社会学等学科视角，对传统技术进行"技术文化风格"的研究，是对物质文化和技艺史等相关研究的有益补充。

列斐伏尔（Henri Lefebvre）从对现代社会进行反思和批判的视角，认为现代社会已经没有风格。其认为，当今世界已经成为一个"被管理的工厂"。布尔迪厄从文化分析的角度对不同阶层之间的风格进行细致的划分和描绘，认为不同的风格偏好都是教育和阶层的产物。"任何表面看似轻松愉快的日常风格及品位，其实都暗含着复杂的阶级斗争。"①实际上，对风格形成的历史研究能够更好地映照人类自身的发展。

对传统技术文化风格的研究，建立在将传统技术视作一种物质文化的基础之上。对物质文化的研究，有一个发展的过程。最初，来自考古学、人类学对文物的研究，后来研究重点逐渐转向文化，人类学的"礼物"研究传统逐渐成为物质文化研究的主流；与此同时，马克思主义传统还将物质文化视作一种消费研究或商品研究。现在，物质文化逐渐成为一种各学科之间谈话或交流的空间和论坛。对技术文化风格的研究，是对物质文化研究的一个新的理论空间。

另外，对于传统技术的技术文化风格的研究，也是对于传统的技术史研究的理论扩展。在传统技术的研究中，虽然除了技术史的研究方向外，人们也对受到民族、地域、文化等事项影响的技艺社会史的研究方向逐渐加以关注，然而总体来说，仍然是站在"意会性"传承的视角，探讨技艺的保护、工艺的程序等问题。对于技术文化风格的研究，能够丰富技艺史研究的理论视野，实现技术研究和文化研究的跨学科互动，更好地反思技术与人类社会之间的关系。

---

① ［法］布尔迪厄.区分:判断力的社会批判[M].刘晖,译.北京:商务印书馆,2015:349.

# 第三节　进一步研究计划

　　第一，继续对于其他香型白酒、其他酒类进行研究。本书由于笔者精力和时间所限，将研究视野聚焦于中国名酒——汾酒的发展当中。然而汾酒仅仅是作为中国公认的"八大名白酒"之一，对于其他酱香、浓香型酒是否有相似或不同的发展机制还有待深入研究。在研究中，笔者发现浓香型酒形成了庞大的产业格局，且各自都建构了属于自身的产业板块，而清香型、酱香型酒相对来说更加"一枝独秀"，其中又有怎样的经济、社会、文化方面的因素，还有待以后进一步考察。另外，同为白酒，将中国白酒与世界其他白酒，如威士忌、金酒等对比，也是一项有开拓性的工作。除此之外，近年来，各种果酒、起泡酒，甚至不含酒精的饮品在社交场合越来越受到人们的青睐，其中蕴含了怎样的社会学意义，也有待进一步探究。

　　第二，对于技能传承方式的变迁、不同人员之间的日常互动、组织关系等也可作为一个研究课题进行开展。笔者由于自身精力和能力所限，对于酒厂内部、组织内部的互动关系考察较少。实际上，在后续的研究中，笔者发现，因为酿酒技术是一项身体技术和经验积累并重的技术，酒厂内部依靠身体实践掌握酿酒技术的一线工人与接受过高等教育、来酒厂指导生产的知识分子之间存在一种微妙的关系。一方面，两者需要相互促进、共同成长，提升产量和质量；另一方面，酿酒工人的经验与知识分子之间的学识之间存在一种相互博弈的关系。这种组织内部的博弈和日常生态也是日后对于技术形成和变迁的一项重要研究内容。

　　第三，对于政府和企业在酿酒产业发展中的博弈，亦可以进一步深入探讨。本书在对汾酒"扩建"的历史和采纳"做老百姓喝得起的酒"的企业政策的讨论过程中，提到了汾酒的"扩建"政策是为了响应国家对于物资匮乏的年代普通老百姓对白酒极大需求的号召。包括后期的"降价"处理也与国家对于白酒市场的管理有关。然而探讨企业和政府之间应该维持一个什么样的关系？企业和政府之间的距离是否影响企业日后的发展？对技术的革新又会产生怎样的影响？在以后的研究中,将会继续跟进,进一步作系统的完善。

# 附录1

# 汾酒厂不同部门访谈提纲

## 一、酿造车间访谈提纲

1. 对酿造过程的看法如何,是一项技术还是艺术? 如果是艺术的话,最能体现艺术性的环节有哪些?

2. 有哪些体现身体技术的环节? "装甑""抖胎气"等过程对身体的具体要求有哪些?

3. 有哪些工艺的变迁?(发酵的盖子材料变化、蒸馏机的变化(从炭到电)、发酵池的材料从土变成水泥、甑桶材料的变化,还有哪些?)如何看待工艺变迁? 对工艺"丢、改、退"现象的看法?

4. 有哪些工艺操作的口诀、要领?(20 世纪 60 年代群众性的创新活动高潮以后有哪些新的发展和要求?)

5. 对待机械化的看法。酿酒的过程能否被机械取代? 如果不能取代,人工操作最不能被替代的地方体现在哪里?

6. 操作指标和具体经验操作的关系如何把握? 如何看待技术部门对

于工艺精细化的规定(包括追溯系统)?

7.酿造过程中最重要的品质有哪些?工匠精神在年轻一代中是否有所传承?团队合作在酿酒过程中如何体现?(团队合作在酿酒中重要吗?)

8.除了师徒制(传帮带)的过程,技能学习的方式还有哪些?

9.对现在绩效奖金评奖的看法?对质量和产量关系的看法?酿酒过程中是否会对好酒与否有一个判断?

## 二、其他部门访谈提纲

### (一)大曲车间

1.解放前曾在外收购,制曲是否是汾酒质量好坏的关键?是否具有地域性?

2.三种曲的不同工艺(制作过程)。

3.大曲生产车间与酿造车间是否有不同的文化?培训方式如何?

4.是否需要掌握一些基本的相关化学知识?哪些知识?

5.如何监管质量?具体有哪些指标?

6.大曲车间是否有两头跑(大、小酒厂)的情况?

### (二)贮配车间

1.传统技术和现代化产业之间的关系如何把握?现代化产量和质量的关系?酒的年份和实际生产时间的关系是如何的?

2.一般认为,传统的酿酒技术是一种身体技术或技艺,取决于酿酒人的手艺,其知识的形成、传承、改良主要基于经验。现代酿酒技术是一门科学技术,酿酒基于标准化流程和工艺完成。真是这样吗?酿酒人现在的角色是什么?

3.评酒标准是否影响汾酒在全国的排名(如阈值、香型的特点),分香型评比是否具有积极意义;评酒标准的制定对于整个汾酒酿造业的规范作用有哪些?

4."降度不降质"的实验对于汾酒的挑战?

5. 新的消费需求(禁酒令、三公消费的限制等)对于技术有哪些新的要求?

## (三)技术中心

1. 新中国成立以来汾酒制作技术重点的变化(是否从酿造转移到勾兑等方面?);麸曲酒(烟台白酒酿造法)对于汾酒的影响;"降度不降质"的实验对于汾酒的挑战。

2. 从新中国成立到现在技术上发生过哪些变化和调整? 变化的原因有哪些方面(政策的、市场的、自发的、强制的)? 汾酒的技术特色怎样? 与民国时期的四大变革有哪些不同?

3. 新中国成立以来汾酒酿造机械化的引进情况,在哪些方面有超前? 哪些方面仍然保留人工作业? 保留的原因是什么? 对于机械化的看法是什么?

4. 新的消费需求(禁酒令、三公消费的限制等)对于技术有哪些新的要求?

5. 传统技术和现代化产业之间的关系如何把握? 现代化产量和质量的关系? 酒的年份和实际生产时间的关系是如何的?

## (四)文化中心

1. 酿酒产业在国家轻工业中的布局如何?

2. 对于汾酒及汾酒文化的认知;除了晋商之外,汾酒的文化还体现在什么地方? 汾酒文化和汾酒企业文化两者的内涵和关系。

3. 历史上的山西酒为何只有汾酒得以流传至今? 汾酒与河东酒、潞

酒等的文化勾连;汾酒的流传与汾酒难醉易醒的特点衍生出的道德伦理
观念是否有关?

4. 现在的市场开拓与明清时期晋商的全国扩散是否有关系?

5. 清香型汾酒与南方浓香型、酱香型酒厂相比具有什么文化特色?

6. 杏花村的概念,仅仅是行政概念吗? 有怎样的文化内涵?

### (五)人力资源部

1. 酿酒、勾兑、成装等不同部门的人员、投资分配,关系和地位如何?
酿酒工人学历、专业、招收渠道、人员引进、配比情况;酿酒的核心专业。

2.20 世纪 80 年代全面质量管理情况;现在是怎样的管理模式?

### (六)老工人

1. 技术与管理之间的关系 20 世纪 60 年代频繁换厂长管理混乱和技
术整理(写实作业)同时进行,具有怎样的效应?

2.20 世纪 80 年代政策的放开、乡镇企业的发展出现"家家烧锅"的情
况对于汾酒技术具有什么影响?

3. 义泉泳等老字号汾酒酿造的技术、产量、销售地区等具体情况的资
料,以及杨得龄等酿酒专业人才对于汾酒技术定型的贡献。

4. 技术习得与苦力付出之间的关系。

5. 对于产量和质量关系的看法。

6. 对于人工和机械化的看法。

7. 统购统销时期管理情况和酒类品种情况。

### (七)品评师

1. 评价酒的好坏的指标有哪些? 化学指标和人工品鉴各占多少
比重?

2. 评酒标准是否影响汾酒在全国的排名（如阈值、香型的特点），分香型评比是否具有积极意义；评酒标准的制定对于整个汾酒酿造业的规范作用？

## （八）市场部

1. 汾酒的系列有哪些，分别针对什么人群？有什么样的变迁？

2. 现在的市场开拓与明清时期晋商的全国扩散是否有关系？

3. 禁止酒驾的交规、禁止三公消费对于产量的影响、对于调整酒业结构的影响？

4. 汾酒集团与汾阳其他酒厂之间的关系如何？有没有合作关系？

5. 1998 年"朔州毒酒案"企业、政府、媒体在"打假"中的职责和作用分别有哪些？

6. 杏花村商标的使用情况；汾酒"真实性"的定夺（文化上和技术上界定什么才是真正的汾酒？）。

7. 汾酒集团总部与经销商的合作模式是怎样的？ 汾酒的市场主要分布在哪些地区？

**附录 2**

# 调查问卷

## 一、汾阳市民对汾酒及汾酒集团的
## 认识和评价

您好!

我们是"汾酒的技术传承与地方文化"课题组成员,需要了解汾酒在汾阳当地的饮用情况,以及当地人们对汾酒的认识情况,总结中国传统技术发展为现代产业的成功经验,为技术的现代化转型发展提供一个有益经验,为相关部门决策提供参考。凡问题中列出的几项参考情况,请将符合您自身情况的选出,填在"(    )"中;您的情况只做学术研究,我们将严格为您保密! 谢谢您的合作!

## （一）个人基本情况

1. 您的性别是？(1)男　(2)女

2. 您的年龄是？(1)20 岁以下　(2)20—30 岁　(3)30—40 岁　(4)40—50 岁　(5)50 岁以上

3. 您的职业是？(1)汾酒集团员工　(2)公务员、事业单位　(3)其他企业单位　(4)经商　(5)其他

4. 您的月收入是？(1)3000 以下　(2)3000—5000　(3)5000—8000(4)8000 以上

## （二）日常饮酒情况

1. 平时是否有饮酒的喜好？(　　　)

(1)经常饮酒　(2)有时饮酒　(3)偶尔饮酒　(4)从不饮酒(跳过该部分)

2. 什么情况下会饮酒？(多选)(　　　)

(1)朋友办红白喜事　(2)与亲朋好友节假日相聚　(3)托人办事、应酬饮酒　(4)自己在家小酌　(5)饮酒解忧　(6)签订契约

3. 饮酒首选什么酒？(　　　)

(1)汾酒集团所产汾酒　(2)汾阳地区所产其他汾酒如汾阳王等　(3)茅台、五粮液等其他名酒　(4)红酒　(5)其他酒

## （三）对于汾酒的了解和认识

1. 你觉得汾酒为什么能出名？(多选)(　　　)

（1）技术独特、口感好　（2）宣传好、广告到位　（3）包装新颖、高端
（4）历史悠久、具有文化品位　（5）我也不知道、大家都喝、我也跟着喝

2. 对于酿造汾酒了解程度如何？（　　）

（1）会酿酒　（2）了解"清蒸二次清、地缸发酵"的工艺特点　（3）知道
"六月六、晒衣曝曲"等相关常识和俗语　（4）不太了解

3. 你觉得杜牧的《清明》："借问酒家何处有，牧童遥指杏花村"对于汾
酒在全国的知名是否有帮助？（　　）

（1）很有帮助　（2）有些帮助　（3）没什么帮助

4. 你觉得汾酒的成名与晋商是否有关联？（　　）

（1）晋商起到了很大的推动作用　（2）有一些相关性　（3）没什么联
系（4）不了解

5. 你认为汾酒集团所产白酒与其他普通汾酒厂所生产的白酒有无区
别？（　　）

（1）有差别（回答第 6 题）　（2）没有明显差别、都是清香型白酒（跳过
第 6 题）　（3）不太了解

6. 你认为汾酒集团所产白酒与其他厂所产白酒的主要区别表现在哪
些方面？（从重要到不重要排序）（　　）

（1）口感不同　（2）卫生标准不同　（3）档次不同　（4）核心技艺不
同　（5）其他

7. 你认为是否本地人更倾向于饮用非汾酒集团所产白酒？（　　）

（1）是（继续回答第 8 题）　（2）不是（跳过第 8 题）

8. 你认为为什么本地人更倾向于饮用区别于产销外地的"汾酒"？
（　　）

（1）价格低廉　（2）有朋友开酒厂，方便拿货　（3）彰显本地人的身
份　（4）其他原因

9. 你是否会参加汾酒相关活动？如开坛仪式等（　　）

（1）感兴趣、经常参加　（2）了解、但没有参加过　（3）不清楚、不了解

10. 在什么场合下会选择汾酒作为饮宴用酒？（　　）

（1）讲信用、够义气　（2）绵甜爽净、舒适度高　（3）联络乡党情谊
（4）没想那么多，别人都喝，我也喝

11. 你认为下列对汾酒的宣传语哪个最符合你对汾酒的理解？（　　）

（1）"中华汾酒　源远流长"　（2）"开启尊贵生活"　（3）国酒之源，白
酒祖庭　（4）骨子里的中国

## （四）汾酒与汾阳关系

1. 如果向别人介绍汾阳，你会把什么介绍给他（她）？（　　）

（1）汾酒　（2）特色面食　（3）知名人士　（4）当地的旅游景点　（5）
其他

2. 你认为汾酒集团对于汾阳地方经济有怎样的影响？（　　）

（1）对地方经济贡献很大　（2）有一定的贡献　（3）不清楚、不了解
（4）有反作用

3. 你认为在汾阳当地进入汾酒集团是否是一项理想的工作？（　　）

（1）进入集团是理想工作　（2）分不同岗位，一线太辛苦，不是理想工
作　（3）不想，不是好工作　（4）无所谓

4. 你认为1998年朔州"毒酒案"的发生与下列哪些因素关系最密切？
（从重要到不重要排序）（　　）

（1）汾酒集团管理不善　（2）政府监管不力　（3）制假造假者为了一
己私利损害了汾酒名誉　（4）市场经济发展的必然产物

5. 当向别人介绍自己的家乡时，是否会愿意介绍这里是汾酒的故乡？
（　　）

（1）非常愿意　（2）有时会这样介绍　（3）偶尔会　（4）从来不会

218

6. 你认为汾酒产业对扭转山西传统煤炭工业的形象是否有帮助？（　　）

（1）非常有帮助　（2）很有帮助　（3）有一些帮助　（4）没什么帮助（5）完全没有帮助

7. 你认为汾阳政府对于汾酒的发展发挥了哪些作用？（多选）（　　）

（1）给予优惠政策　（2）打响知名度　（3）优化营商环境　（4）没什么作用

# 二、汾酒集团员工问卷部分

您好！

我们是"汾酒的技术传承与地方文化"课题组成员，需要了解汾酒技术的发展情况及企业组织的运行情况，总结中国传统技术发展为现代产业的成功经验，为技术的现代化转型发展提供一个有益经验，为相关部门决策提供参考。凡问题中列出的几项参考情况，请将符合您自身情况的选出，填在"（　　）"中；将符合条件的选项排序，填入"＿＿"中。您的情况只做学术研究，我们将严格为您保密！谢谢您的合作！

## （一）技术与组织关系

1. 现在在哪个车间（部门）工作？（　　）

2. 在汾酒厂工作了（　　）年了？

3. 回忆从进入工作岗位开始，通过哪些形式的学习掌握相关领域知识？（　　）

（1）签订师徒协议　（2）参加培训班　（3）车间小组共同工作

4. 你认为哪个环节对于汾酒的发展最为关键?(　　)

(1)酿造(包括粉碎、润糁、发酵、蒸馏等过程)　(2)老熟(包括勾兑、贮陈等环节)　(3)机械化、智能化的运用　(4)其他非技术性因素(包括宣传、管理、制度等因素)

5. 你认为汾酒酿造是一项怎样的技术?(　　)

(1)人工技能为主导的技术　(2)现代科技为主导的技术　(3)人工和机械相结合的技术　(4)其他类型的技术

6. 如果让你重新选择,你更愿意去哪个车间或部门工作?(　　)

(1)酿造　(2)成装　(3)技术中心　(4)其他

7. 你认为评酒是一种什么性质的活动?(　　)

(1)专业的鉴酒活动,具有客观性　(2)理化分析的一种补充,具有一定意义　(3)依据个人喜好,是一种主观活动

8. 你认为汾酒被评为中国"八大名酒"是否客观?(　　)

(1)客观有据　(2)有一定道理　(3)汾酒不符合名酒的标准 名酒应该具有的标准＿＿＿＿＿＿

## (二) 对于汾酒发展前景的看法

1. 你认为汾酒是否是汾阳地区的支柱产业?(　　)

(1)是　(2)不是　(3)不清楚

2. 你认为汾酒对汾阳来说,是否打响了地方产业的知名度?(　　)

(1)汾酒是汾阳的最佳代表　(2)汾酒对于汾阳有一定的代表性和知名度　(3)二者的关联性不大　(4)汾酒对汾阳来说是一种负面影响

3. 你认为汾酒发展面临的最大的瓶颈或问题在哪些方面? 从影响最大到最小因素进行排序:＿＿＿＿＿＿＿＿＿

(1)南方酒厂发展迅速、竞争激烈　(2)汾酒自身发展缺乏包装、宣

传　(3)汾酒集团一支独大、与其他酒厂没有形成产业集群　(4)在北方的政治环境下,管理和发展缺乏灵活调度　(5)口感和系列定位不准、缺乏固定的消费人群

4. 你认为汾酒要获得更好的发展,需要从哪些方面下功夫? 从影响因素最大到最小进行排序:_____

(1)现代化技术的应用　(2)宣传包装　(3)口感的改进和系列的丰富　(4)更加开放、自由的经商环境　(5)实现技术的共享

5. 你认为汾酒在 20 世纪八九十年代成为"汾老大"的原因是什么? (多选)(　　)

(1)国家领导人的喜好形成了模仿风潮　(2)其他酒企还没有发展起来　(3)计划经济下的产物　(4)风味独特　(5)企业管理得当　(6)其他原因

6. 为什么汾酒的地位下滑,没有保持第一梯队?(多选)(　　)

(1)宣传不到位　(2)其他酒厂的竞争　(3)内部管理体制不到位(4)受到山西经济的影响　(5)地方政府缺乏扶持力度　(6)受到假酒案等其他社会现象的影响　(7)酒度太高,不能迎合今天饮酒的潮流　(8)受到其他代替饮品(红酒、果酒)的冲击

7. 怎样看待假酒案的频发对汾酒发展的影响?(　　)

(1)影响很大　(2)有一定影响　(3)影响很小　(4)没什么影响

8. 你如何评价中汾酒城的兴建?(　　)

(1)应该支持,是山西经济转型的一种表现　(2)是资本的产物,与汾酒自身的发展没什么关系　(3)比较反对,大规模建设会破坏汾酒本身的发展规律　(4)无所谓,不关心

# 参考文献

## 一、国内图书

[1]陈涛.产业转型的社会逻辑:大公圩河蟹产业发展的社会学阐释[M].北京:社会科学文献出版社,2014.

[2]丛予,编著.评酒知识[M].北京:中国商业出版社.1984.

[3]戴国斌.武术:身体的文化[M].北京:人民体育出版社,2011.

[4]方李莉.传统与变迁:景德镇新旧民窑业田野考察[M].南昌:江西人民出版社,2000.

[5]费孝通.江村经济[M].北京:北京联合出版公司,2018.

[6]《汾酒通志》编纂委员会.汾酒通志[M].北京:中华书局,2015.

[7]高春平.晋商与明清山西城镇化研究[M].太原:三晋出版社,2013.

[8]高宣扬.布迪厄的社会理论[M].上海:同济大学出版社,2004.

[9]郭荣茂.传统手工技艺的行动者网络:闽南永春漆篮变迁考察[M].北京:科学出版社,2017.

[10]衡翼汤,主编.山西轻工业志[M].北京:中国轻工业出版社,1991.

[11]洪光住,编著.中国酿酒科技发展史[M].北京:中国轻工业出版

社,2000.

[12]洪振强.民族主义与近代中国博览会事业1851—1937[M].北京:社会科学文献出版社,2017.

[13]阚秉华,张玉让,主编.汾酒人的故事:第一集[M].太原:山西人民出版社,2006.

[14]孔祥毅.晋商学[M].北京:经济科学出版社,2008.

[15]李大和.白酒酿造与技术创新[M].北京:中国轻工业出版社,2017.

[16]李大和,编著.白酒勾兑技术问答[M].北京:中国轻工业出版社,1995.

[17]李大和,主编.白酒酿造培训教程:白酒酿造工、酿酒师、品酒师[M].北京:中国轻工业出版社,2013.

[18]李华瑞.宋代酒的生产和征榷[M].保定:河北大学出版社,1995.

[19][明]李梦阳撰.空同集:卷四十四[M].上海:上海古籍出版社,1991.

[20]李培林,李强,马戎.社会学与中国社会[M].北京:社会科学文献出版社,2008.

[21]李希曾.晋商史料与研究[M].太原:山西人民出版社,1996.

[22]林超超.动员与效率:计划体制下的上海工业[M].上海:上海人民出版社,2016.

[23]刘保,肖峰.社会建构主义:一种新的哲学范式[M].北京:中国社会科学出版社,2011.

[24]刘刚,编著.外国玻璃艺术[M].上海:上海书店出版社,2004.

[25]刘集贤,文景明.杏花村里酒如泉:山西汾酒史话[M].太原:山西人民出版社,1978.

[26]刘珺珺,编著.科学社会学[M].上海:上海科技教育出版社,2009.

[27]刘瑞祥.当代聊斋志异:中国古汾州民间传说集[M].太原:北岳文艺出版社,2011.

[28]刘世松.中国酒业经济观察[M].北京:新华出版社,2015.

[29]陆大道.中国工业布局的理论与实践[M].北京:科学出版社,1990.

[30]罗钢,王中忱,主编.消费文化读本[M].北京:中国社会科学出版社,2003.

[31]孟宪承,选编.中国古代教育文选[M].北京:人民教育出版社,2003.

[32]孟悦,罗刚,主编.物质文化读本[M].北京:北京大学出版社,2008.

[33]木空.中国人的酒文化[M].北京:中国法制出版社,2015.

[34]彭南生.行会制度的近代命运[M].北京:人民出版社,2003.

[35]轻工业出版社,编.烟台白酒酿制操作法[M].北京:轻工业出版社,1964.

[36]屈建龙,赵树义,陈刘锋,等.汾酒时刻[M].太原:北岳文艺出版社,2015.

[37]任志宏.文化汾酒:中国汾酒人物史[M].北京:中国文史出版社,2019.

[38]任志宏,主编.名人论汾酒[M].北京:中国文史出版社,2018.

[39]山西省政协《晋商史料全览》编辑委员会,吕梁市政协《晋商史料全览·吕梁卷》编辑委员会编.晋商史料全览·吕梁卷[M].太原:山西人民出版社,2006.

[40]陕西省工业厅.西凤酒酿造[M].北京:轻工业出版社,1958.

［41］苏泽龙.晋祠稻米:农业技术与乡村社会变迁研究［M］.北京:商务印书馆,2018.

［42］孙家洲,马利清,主编.酒史与酒文化研究:第1辑［M］.北京:社会科学文献出版社,2012.

［43］陶东风等,主编.文化研究 第4辑［M］.北京:中央编译出版社,2003.

［44］汪民安,陈永国,主编.后身体:文化、权力和生命政治学［M］.长春:吉林人民出版社,2003.

［45］王春.兰陵酒文化研究［M］.济南:山东人民出版社,2013.

［46］王春瑜.明朝酒文化［M］.北京:商务印书馆,2016.

［47］王春瑜.与君共饮明朝酒［M］.广州:广东人民出版社,2007.

［48］王赛时.中国酒史［M］.济南:山东大学出版社,2010.

［49］王尚义.晋商商贸活动的历史地理研究［M］.北京:科学出版社,2004.

［50］王树生.权力的迷宫:埃利亚斯、布迪厄与福柯的比较研究［M］.北京:中国社会科学出版社,2014.

［51］王文清.汾酒史话［M］.北京:中华书局,2014.

［52］王文清.汾酒源流:麯水清香［M］.太原:山西经济出版社,2017.

［53］王星.技能形成的社会建构:中国工厂师徒制变迁历程的社会学分析［M］.北京:社会科学文献出版社,2014.

［54］王延才,编.中国酒业20年:1992—2012［M］.北京:中国轻工业出版社.2013.

［55］文景明,柳静安,编.杏花村文集:第1集 1933—1989［M］.北京:北京出版社,1992.

［56］吴宁.日常生活批判:列斐伏尔哲学思想研究［M］.北京:人民出版社,2007.

[57]吴熙敬,主编.中国近现代技术史[M].北京:科学出版社,2000.

[58]夏晓虹,杨早,编.酒人酒事[M].北京:生活·读书·新知三联书店,2007.

[59]萧俊明.文化转向的由来:关于当代西方文化概念、文化理论和文化研究的考察[M].北京:社会科学文献出版社,2004.

[60][明]谢肇淛撰;傅成校点.历代笔记小说大观:五杂俎[M].上海:上海古籍出版社,2012.

[61]熊子书.中国名优白酒酿造与研究[M].北京:中国轻工业出版社,1995.

[62][清]徐珂.清稗类钞 第5册[M].北京:中华书局,1986.

[63]杨印民.帝国尚饮:元代酒业与社会[M].天津:天津古籍出版社,2009.

[64]叶继红.传统技艺与文化再生:对苏州镇湖绣女及刺绣活动的社会学考察[M].北京:群言出版社,2005.

[65]殷俊玲.晋商与晋中社会[M].北京:人民出版社,2006.

[66]于光远等,主编.自然辩证法百科全书[M].北京:中国大百科全书出版社,1995.

[67]余乾伟,编著.传统白酒酿造技术[M].北京:中国轻工业出版社,2017.

[68][清]袁枚著;元江雪注.随园食单[M].北京:开明出版社,2018.

[69]曾绍伦,主编.川酒发展研究论丛(第一辑).成都:西南财经大学出版社,2014.

[70]张柏春,李成智,主编.技术的人类学、民俗学与工业考古学研究[M].北京:北京理工大学出版社,2009.

[71]张崇慧.汾酒收藏[M].太原:山西经济出版社,2018.

[72]张文俊.政制转型与山西政治秩序重构研究:1911—1928[M].台

湾:花木兰出版社,2015.

[73]张肖梅.贵州经济[M].北京:中国国民经济研究所,1939.

[74]张琰光.晋商与汾酒[M].太原:山西经济出版社,2015.

[75]张正明.山西工商业史拾掇[M].太原:山西人民出版社,1987.

[76]张正明,薛慧林.明清晋商资料选编[M].山西人民出版社,1989.

[77]张正明,张舒.晋商兴衰史[M].太原:山西经济出版社,2010.

[78]张正明,主编.中国晋商研究史论[M].北京:人民出版社,2006.

[79]赵万里.科学的社会建构:科学知识社会学的理论与实践[M].天津:天津人民出版社,2002.

[80]中国食品出版社,编.中国酒文化和中国名酒[M].北京:中国食品出版社,1989.

[81]《中华大酒典》编辑部,编.中华大酒典:第1卷综合篇[M].北京:中国商业出版社,1997.

[82]周恒刚.白酒生产[M].北京:轻工业出版社,1959.

[83]周嘉华.酒铸史钩[M].深圳:海天出版社,2015.

[84]周怡.解读社会:文化与结构的路径[M].北京:社会科学文献出版社,2004.

[85][宋]朱肱等著;任仁仁整理校点.宋元谱录丛编 北山酒经 外十种[M].上海:上海书店出版社,2016.

## 二、国内论文

[1]蔡仲."索卡尔事件"与"科学大战"[J].科学技术与辩证法,2004,(05).

[2]陈泽明.抗战时期陕甘宁边区的酒政与粮食安全[J].江汉大学学报:社会科学版,2015,32(3).

［3］程万松.白酒行业呈暂时回升态势［J］.中国酒,2006,（10）.

［4］崔琰,陈颖.传统技术现代化与可持续发展［J］.四川建筑,2003,（02）.

［5］邓韵雪,许怡."技术赋权"还是"技术父权"——对智能制造背景下劳动者技能提升机会的性别差异考察［J］.科学与社会,2019,9（03）.

［6］范金民.清代山西商人和酒业经营［J］.安徽史学,2008（01）.

［7］方李莉.本土性的现代化如何实践:以景德镇传统陶瓷手工技艺传承的研究为例［J］.南京艺术学院学报（美术与设计版）,2008,（6）.

［8］冯雪红,向锦程.传统的发明:和日村藏族石刻流程、工具与技艺［J］.兰州大学学报（社会科学版）,2018,46（02）.

［9］管健.酒文化与关系学［J］.人民论坛,2008（03）.

［10］郭俊立.巴黎学派的行动者网络理论及其哲学意蕴评析［J］.自然辩证法研究,2007（02）.

［11］郭旭,张云峰".维民食"与"重国课":民国禁酒政策探析［J］.贵州社会科学,2015（7）.

［12］郭旭,周山荣,黄永光.继往开来:2015年中国酒文化研究述评［J］.酿酒科技.2016,（11）.

［13］郝海燕.技术:人与自然的中介——马克思和恩格斯对技术的本质和功能的哲学思考［J］.齐鲁学刊,1998（3）.

［14］郝红霞,贺丹.山西汾阳太符观壁画所揭示的村落民众信仰［J］.文物世界,2012（03）.

［15］胡素粦.行动者网络理论（ANT）视域下的地方特色历史文化街区的保护与开发——以漳州市为例［J］.南阳师范学院学报,2018,17（03）.

［16］华觉明.传统手工技艺保护、传承和振兴的探讨［J］.广西民族大学学报（自然科学版）,2007（01）.

［17］黄涛.论非物质文化遗产的情境保护［J］.中国人民大学学报,

2006（05）.

［18］蒋佳.名优白酒企业在行业深度调整期的应对策略——以四川为例［J］.四川理工学院学报（社会科学版），2014，29（03）.

［19］孔祥智.农业供给侧结构性改革的基本内涵与政策建议［J］.改革，2016（02）.

［20］雷环捷，朱路遥.农业史和妇女史视域中的技术与社会——白馥兰中国技术史研究探析［J］.自然辩证法研究，2019，35（02）.

［21］李长英，宋娟.古诺竞争条件下异质品企业之间的兼并与技术转让［J］.世界经济，2006，29（7）.

［22］李宏伟.技术审美取向的时代变迁［J］.科学技术与辩证法，2007（02）.

［23］李三虎.技术决定还是社会决定：冲突和一致——走向一种马克思主义的技术社会理论［J］.探求，2003（01）.

［24］李三虎，赵万里.技术的社会建构——新技术社会学评介［J］.自然辩证法研究，1994（10）.

·［25］李玉彤等.白酒机械化酿造研究进展与探讨［J］.酿酒科技，2016（10）.

［26］林聚任.清教主义与近代科学的制度化——默顿论题及其争论和意义［J］.自然辩证法通讯，1995（01）.

［27］林盼.制度变迁、利益冲突与国营企业技术精英地位获得（1949—1965）［J］.中国经济史研究，2018，（2）.

［28］林润燕.技术知识流动的基本因素与内在逻辑［J］.东北大学学报（社会科学版），2017，19（02）.

［29］刘翠霞，林聚任.表征危机与建构主义思潮的兴起——从对"科学大战"的反思谈起［J］.东南大学学报（哲学社会科学版），2012，（05）.

［30］刘海兵，许庆瑞.资源活化：中华老字号创新能力提升的路

径——基于山西杏花村汾酒集团的探索性案例研究(1948—2018)[J].广西财经学院学报,2019,32(03).

[31]刘珺珺.科学社会学的"人类学转向"和科学技术人类学[J].自然辩证法通讯,1998,(1).

[32]刘立敏,徐中林.阎锡山与山西近代化[J].晋阳学刊,2003,(6).

[33]刘宣,王小依.行动者网络理论在人文地理领域应用研究述评[J].地理科学进展,2013,32(07).

[34]卢海元.土地换保障:妥善安置失地农民的基本设想[J].中国农村观察,2003(06).

[35]芦影.国货运动中的民族焦虑与身份认同 ——从批评的视角看20世纪前半叶的民族主义商品展示[J].艺术设计研究,2018,(3).

[36]吕世宏.山西杏花村村名探源[J].中国地方志,2008(9).

[37]罗志腾.中国古代人民对酿酒发酵化学的贡献[J].中山大学学报(自然科学版),1980(01).

[38]马敏,洪振强.民国时期国货展览会研究:1910—1930[J].华中师范大学学报(人文社会科学版),2009,(4).

[39]马勇.中国白酒三十年发展报告(上)[J].酿酒科技,2016(02).

[40]马勇.中国白酒三十年发展报告(下)[J].酿酒科技,2016(3).

[41]莫沉.时装模特、审美劳动和超经济逻辑[J].读书,2019(10).

[42]钱兆华,钱明.技术的两个来源及其启示[J].科学技术与辩证法,2007(02).

[43]强舸.制度环境与治理需要如何塑造中国官场的酒文化——基于县域官员饮酒行为的实证研究[J].社会学研究,2019,34(04).

[44]邱泽奇.衍生于传统的文化:以蜡染为例[J].文艺研究,2005,(4).

[45]邱泽奇.在工厂化和网络化的背后——组织理论的发展与困境

[J].社会学研究,1999(04).

[46]邱子童,吴清军,杨伟国.人工智能背景下劳动者技能需求的转型:从去技能化到再技能化[J].电子政务,2019(06).

[47]曲如晓,曾燕萍.国外文化资本研究综述[J].国外社会科学,2016(02).

[48]渠敬东,周飞舟,应星.从总体支配到技术治理:基于中国30年改革经验的社会学分析[J].中国社会科学,2009,(6).

[49]任小红,韩景.基于SWOT分析的山西杏花村酒文化旅游开发探析[J].国土与自然资源研究,2015(06).

[50]任玉凤,刘敏.社会建构论从科学研究到技术研究的延伸——以科学知识社会学(SSK)和技术的社会形成论(SST)为例[J].内蒙古大学学报(人文社会科学版),2003(04).

[51]邵颖萍,张鸿雁.集体记忆与城市文化资本再生产——"昆曲意象"文化自觉的社会学研究[J].南京社会科学,2019(05).

[52]佘可文.初议历史地理环境中晋商的兴衰[J].人文地理,1997(02).

[53]孙秋云,周浪.文化社会学的内涵、发展与研究再审视[J].中南民族大学学报(人文社会科学版),2016,36(4).

[54]孙小淳.中国技术史研究的新视野——评白馥兰著《明代技术与社会》[J].中国科技史杂志,2007(02).

[55]田曼.从"文化人类学的象征论"浅谈汾酒[J].法制与社会,2009(27).

[56]田明.辛亥革命以来阎锡山如何掌控晋政——评《政制转型与山西政治秩序重构研究》[J].山西高等学校社会科学学报,2017,29(3).

[57]田松.科学人类学:一个正在发展的学术领域[J].云南社会科学,2006(03).

[58]汪晖.城乡结合部的土地征用:征用权与征地补偿[J].中国农村经济,2002(02).

[59]汪江波,等.我国白酒机械化酿造技术回顾与展望[J].湖北工业大学学报,2011,26(05).

[60]王伯鲁.技术地域性与技术传播问题探析[J].科学学研究,2002(4).

[61]王汉林.新技术社会学:国外3种主要经验研究模式[J].科技进步与对策,2006(04).

[62]王淑芳.工业4.0:技术资本对人的惩罚还是救赎——基于马克思"商品拜物"和"自由时间"的批判视角[J].马克思主义与现实,2016(02).

[63]王兴亚.清代北方五省酿酒业的发展[J].郑州大学学报(社会科学版),2000(01).

[64]王延才.走新型工业化和机械化道路是传统白酒发展的必由之路[J].酿酒科技,2011(10).

[65]王岳川.中国文化精神与酒之深层关系[J].江苏行政学院学报,2012(01).

[66]魏琦.对汾酒包装设计的思考[J].美术大观,2012(10).

[67]吴穹.魏晋南北朝酒政之禁与弛[J].开封教育学院学报,2015(7).

[68]萧家成.传统文化与现代化的新视角:酒文化研究[J].云南社会科学,2000(05).

[69]萧家成.论中华酒文化及其民族性[J].民族研究,1992(05).

[70]肖峰.技术认识过程的社会建构[J].自然辩证法研究,2003(02).

[71]肖炜静.反抗、收编与互融——"异质性"空间与文化霸权及资本逻辑的辩证关系[J].中南大学学报(社会科学版),2018,24(3).

[72]谢婧.唐宋酒政差异探析[J].商丘师范学院学报,2015(5).

[73]谢舜,凌小萍.技术发展的社会选择:技术与社会在互动中的认同[J].学术论坛,2005(02).

[74]邢怀滨,孔明安.技术的社会建构与新技术社会学的形成[J].河北学刊,2004(03).

[75]徐大慰.新中国第一代劳动模范的社会整合功能[J].学理论,2014(30).

[76]徐艺乙,贺华.非物质文化遗产的活态传承——徐艺乙教授系列访谈(一)[J].艺术生活-福州大学学报(艺术版),2019(02).

[77]杨柳,张雪彬.中国白酒历史回顾与思考[J].酿酒,2018,45(06).

[78]姚琦.清末民初实业救国思潮及其影响[J].韶关学院学报,2004(1).

[79]姚泽麟.经济行动中的文化机制:解读陈纯菁的《营销死亡:文化与中国人寿保险市场的形成》[J].社会发展研究,2015(2).

[80]叶继红.从苏绣看传统技艺的文化再生[J].装饰,2005(06).

[81]叶志如.乾隆年间江北数省行禁踬曲烧酒史料[J].历史档案,1987(3).

[82]叶志如.乾隆年间江北数省行禁踬曲烧酒史料(下)[J].历史档案,1987(4).

[83]易红霞.全球化语境下的文化生产和传统发明[J].粤海风,2015(06).

[84]殷俊玲.近二十年晋商研究述评[J].山西师大学报(社会科学版),2003,30(2).

[85]于光远.旅游与文化[J].瞭望周刊,1986(14).

[86]岳娜.汾酒的文化解读[J].吕梁学院学报,2016,6(03).

[87]张刚要,李艺.教育回归生活世界:技术具身性的启示[J].当代

教育科学,2017(01).

[88]张家双等.固态蒸馏白酒的上甑自动化概述.酿酒,2016(5).

[89]张杰,刘东.产业技术轨道与集群创新动力的互动关系研究[J].科学学研究,2007(05).

[90]张杰.社会学研究边界向文化方向拓展[N].中国社会科学报,2019-06-03(002).

[91]张玲.酒文化的多维透视:2016年中国酒文化研究总结与展望[J].酿酒科技,2017(11).

[92]张学渝.技术史视野下的传统工艺品牌建设[J].自然辩证法通讯,2020,42(09).

[93]张学渝.技艺社会史:传统工艺研究的另一种视角[J].东北大学学报(社会科学版),2017,19(01).

[94]张燕,邱泽奇.技术与组织关系的三个视角[J].社会学研究,2009,24(02).

[95]张志民,吕浩,张煜行.衡水老白干酿酒机械化、自动化的设想和初步试验[J].酿酒,2011,38(01).

[96]赵利生,袁宝明.弱文化、强文化及其整合的取向——社会学文化研究范式的反思[J].甘肃社会科学,2016(5).

[97]赵万里,王俊雅.传统技艺的风格形成及其网络隐喻——对列斐伏尔工业社会批判理论的反思[J].科学技术哲学研究,2020,37(05).

[98]赵万里,王俊雅.技能传承中的身体嵌入——以汾酒酿造的身体技术实践为例[J].自然辩证法研究,2020,36(11).

[99]赵万里,王俊雅.趣味区隔与物质文化的流行——以汾型酒沿"黄金茶路"的扩散为例[J].山东社会科学,2021(2).

[100]赵迎路.浅谈发酵缸对汾酒发酵的影响[J].酿酒科技,1988(02).

[101]赵迎路,王月梅.入库酒度与优质高产浅析[J].酿酒,1998(06).

[102]赵迎路.优质高产是汾酒酿造的独有特征(上)[J].酿酒科技,1996(04).

[103]赵迎路.优质高产是汾酒酿造的独有特征(下)[J].酿酒科技,1996,(05).

[104]郑梦麟.继承传统精髓,发展科学管理——关于杏花村汾酒厂推行全面质量管理研究[J].经济问题,1986(12).

[105]郑震.文化转向与文化社会学[J].文化研究,2016(4).

[106]周丽昀.唐·伊德的身体理论探析:涉身、知觉与行动[J].科学技术哲学研究,2010,27(05).

[107]周怡.强范式与弱范式:文化社会学的双视角:解读J.C.亚历山大的文化观[J].社会学研究,2008(6).

[108]朱洪启.农业技术审美观——以传统社会农业技术审美为例[J].科技传播,2018,10(23).

[109]朱婷钰,赵万里.工具赋义与社会认可的再生产——一项关于知识社会学与身体社会学的交叉研究[J].自然辩证法通讯,2020,42(07).

[110]诸葛无为.拉莫特:"技术的文化塑造与技术多样性的政治学"[J].哲学动态,2005(7).

[111]庄孔韶,方静文.作为文化的组织:人类学组织研究反思[J].思想战线,2012(4).

[112]邹洪涛,程海帆.基于酒产业导向下的贵州省赤水河流域小城镇地域特色发展研究[J].城市建筑,2019,16(17).

# 三、国内学位论文

[1]程国鹰.中华老字号杏花村"汾酒"品牌创新策略研究[D].北京:首都经济贸易大学,2011.

[2]段姗姗.传统技艺传承与演变的社会成因[D/OL].合肥:安徽医科大学,2013.

[3]冯琳."她者"的力量:凉山彝族女性的艾滋风险叙事[D].天津:南开大学,2020.

[4]郭荣茂.传统手工技艺在现代的重构[D/OL].上海:上海大学,2011.

[5]郭泽宇.山西杏花村特色小镇可持续发展研究[D].武汉:华中师范大学,2018.

[6]侯亚景.我国白酒产业集聚与产业链的优化研究[D].天津:天津理工大学,2011.

[7]姜阿平.乡土秩序与家户工业发展[D].北京:中国社会科学院,2009.

[8]金萍华.网络交往中的身体嵌入[D/OL].上海:复旦大学,2009.

[9]刘禹.传统手工艺知识体系研究[D/OL].南京:南京大学,2019.

[10]马相金.历史地理视角下的中国酒业经济及酒文化研究[D].南京:南京师范大学,2011.

[11]任玉华.汉代酒业的发展及其社会功效研究[D/OL].吉林:吉林大学,2012.

[12]王汉林.技术的社会型塑[D].天津:南开大学,2004.

[13]王红昌.神垕钧瓷的社会意向——一项传统技术的行动者网络分析[D].天津:南开大学,2011.

[14]王洪伟.传统文化隐喻:神垕钧瓷历史变迁的社会学考察[D].武汉:华中师范大学,2009.

[15]王娟娟.水井坊酒传统酿造技艺的生产性保护研究[D/OL].四川省社会科学院,2014.

[16]王丽.蔚县剪纸流变与乡土文化表述[D].天津:南开大学,2003.

[17]邬玲.资本与文化的缝合[D].武汉:华中师范大学,2018.

[18]杨维.非物质文化遗产生产性保护诸问题研究[D/OL].北京:中国艺术研究院,2014.

[19]张茂元.近代中国机器缫丝技术应用与社会结构变迁[D/OL].北京:北京大学,2008.

[20]赵云川.日本工艺文化与日本现代化[D/OL].中国艺术研究院,2007.

[21]周小兵.乡村建筑和文化教育变迁[D].天津:南开大学,2002.

## 四、国外著作的中文译本

[1][德]艾约博.以竹为生[M].韩巍,译.南京:江苏人民出版社,2016.

[2][英]安东尼·吉登斯.批判的社会学导论[M].郭忠华,译.上海:译文出版社,2005.

[3][英]安东尼·吉登斯.现代性与社会认同[M].赵旭东,方文,译.北京:生活·读书·新知三联书店,1998.

[4][英]安东尼·吉登斯.资本主义与现代社会理论:对马克思、涂尔干和韦伯著作的分析[M].郭忠华,潘华凌,译.上海:上海译文出版社,2018.

[5][英]白馥兰.技术、性别、历史:重新审视帝制中国的大转型[M].

吴秀杰,白岚玲,译.南京:江苏人民出版社,2017.

[6][美]白馥兰.技术与性别[M].江湄,邓京力,译.南京:江苏人民出版社,2006.

[7][法]布尔迪厄.区分:判断力的社会批判[M].刘晖,译.北京:商务印书馆,2015.

[8][法]布尔迪厄.文化资本与社会炼金术:布尔迪厄访谈录[M].包亚明,译.上海:上海人民出版社,1997.

[9][英]布莱恩·特纳.身体与社会[M].马海良,赵国新,译.沈阳:春风文艺出版社,2000.

[10][英]迪克·赫伯迪格.隐在亮光之中:流行文化中的形象与物[M].席志武,译.重庆:重庆大学出版社,2020.

[11][美]葛凯.制造中国:消费文化与民族国家的创建[M].黄振萍,译.北京:北京大学出版社:2016.

[12][日]顾琳.中国的经济革命 20世纪的乡村工业[M].王玉茹,张玮,李进霞,译.南京:江苏人民出版社,2009.

[13][美]哈里·布雷弗曼.劳动与垄断资本[M].方生等,译.北京:商务印书馆,1978.

[14][德]黑格尔.逻辑学:下卷[M].北京:商务印书馆,1976.

[15][英]E.霍布斯鲍姆,[英]T.兰格.传统的发明[M].顾杭,庞冠群,译.南京:译林出版社.2004.

[16][美]杰弗里·亚历山大.社会生活的意义.一种文化社会学的视角[M].周怡等,译.北京:北京大学出版社,2011.

[17]资本论:第3卷[M].北京:人民出版社,1975.

[18][美]克里斯托弗·E.福思,[澳]艾莉森·利奇,著.脂肪:文化与物质性[M].北京:生活·读书·新知三联书店,2017.

[19][英]克里斯·希林.身体与社会理论[M].李康,译,北京:北京

大学出版社,2010.

[20][美]克利福德·格尔茨.地方知识:阐释人类学论文集[M].杨德睿,译.北京:商务印书馆,2017.

[21][美]J.莱夫,E.温格.情景学习:合法的边缘性参与[M].王文静,译.上海:华东师范大学出版社.2004.

[22][美]劳伦斯·夏皮罗.具身认知[M].李恒威,译.北京:华夏出版社,2012.

[23][美]鲁迪·拉各斯,丹·霍尔特休斯等,编著.知识优势:新经济时代市场制胜之道[M].吕巍等,译.北京:机械工业出版社,2002.

[24][美]罗伯特·C.尤林.陈年老窖:法国西南葡萄酒业合作社的民族志[M].何国强,魏乐平,译.昆明:云南大学出版社,2012.

[25][美]罗伯特·C.尤林.理解文化:从人类学和社会理论视角[M].何国强,译.北京:北京大学出版社,2005.

[26][美]罗兹曼主编.中国的现代化[M].陶骅等,译.上海:上海人民出版社,1989.

[27][澳]马尔科姆·沃特斯著.现代社会学理论[M].杨善华等,译.北京:华夏出版社,2000.

[28][美]马克·格兰诺维特,[瑞典]理查德·斯威德伯格编.经济生活中的社会学.瞿铁鹏,姜志辉,译.上海:上海人民出版社,2014.

[29]马克思恩格斯全集:第二十三卷[M].北京:人民出版社,1979.

[30]马克思恩格斯选集:第4卷[M].北京:人民出版社,2012.

[31][德]马克斯·韦伯.社会学的基本概念[M].台北:台北远流图书公司,1993.

[32][德]马克斯·韦伯.新教伦理与资本主义精神[M].于晓,陈维钢,译.北京:三联书店,1987.

[33][法]马塞尔·莫斯,[法]爱弥儿·涂尔干,[法]亨利·于贝尔.论

技术、技艺与文明[M].[法]纳丹·施郎格,编选.蒙养山人,译.北京:世界图书出版公司,2010.

[34][法]马塞尔·莫斯.社会学与人类学[M].佘碧平,译.上海:上海译文出版社,2003.

[35][法]莫里斯·梅洛-庞蒂.知觉现象学[M].姜志辉,译.北京:商务印书馆,2001.

[36][德]尼采.查拉斯图拉如是说[M].楚图南,译,海口:海南国际新闻出版中心,1996.

[37][法]尼古拉·埃尔潘.消费社会学[M].孙沛东,译.北京:社会科学文献出版社,2005.

[38][法]皮埃尔·布迪厄.实践感[M].蒋梓骅,译.南京:译林出版社,2003.

[39][法]让·波德里亚.消费社会[M].刘成富,全志钢,译.南京:南京大学出版社,2006.

[40][德]乌尔里希·贝克,[英]安东尼·吉登斯,[英]斯科特·拉什.自反性现代化:现代社会秩序中的政治、传统与美学[M].赵文书,译.北京:商务印书馆,2014.

[41][德]西美尔.金钱、性别、现代生活风格[M].刘小枫,选编.顾仁明,译.上海:华东师范大学出版社,2010.

[42][美]西敏司.甜与权力:糖在近代历史上的地位[M].朱健刚,王超,译.北京:商务印书馆,2010.

# 五、英文文献

[1]Appadurai, Arjun. *Modernity at Large: Cultural Dimensions of Globalization* [M]. Minnesota:University of Minnesota Press, 1996:89-113.

[2]Appadurai, Arjun. *The Social life of things*[M]. Cambridge University Press, 1986.

[3]Auto, D., Levy, F., Murnane, R. J. The skill content of recent technologi - cal change: An empirical exploration[J]. *The Quarterly Journal of Economics*, 2003, 118(4):1279-1333.

[4]Barbieri-Low, Anthony. *Artisans in early imperial china*[M]. Seattle, WA: university of Washington press, 2007.

[5]Basalla, G. *The Evolution of Technology*[M]. Cambridge: Cambridge University Press, 1988.

[6]Berg, Maxine. Skill, craft and histories of industrialisation in Europe and Asia[J]. *Transactions of the Royal Historical Society*, 2014(24):127-148.

[7]Berger, Peter L. Thomas Luckmann, *The social construction of reality: A Treatise in the Sociology of Knowledge* [M]. Anchor books, 1966:204

[8]Bijker, Wiebe. *The social construction of technological systems*, MIT press, 1987:47.

[9]Bourdieu, Pierre. *Cultural Reproduction and Social Reproduction: Power and Ideology in Education*[M]. Oxford University Press,1977.

[10]Bourdieu, Pierre. *The Forms of Capital, Handbook of Theory and Research for Sociology of Education*[M]. New York: Greenwood, 1986.

[11]Bourdieu, Pierre. *The Logic of Practice*[M]. Stanford: Stanford University Press, 1990.

[12]Bray, F. Gender and technology[J]. *Annual Review of Anthropology*, 2007(36).

[13]Cauter, De. The Panoramic Ecstasy: On World Exhibitions and The Disintegration of Experience[J]. *Theory, Culture& Society*,1993(10): 1-23.

[14]Chadihal, A, et al. Empowering African-American women informal

caregivers: a literature synthesis and practice strategies[J]. *Social Work*, 2004(1): 97–108.

[15]Chan, Cheris Shun–ching. *Marketing death: culture and the making of a life insurance market in china*[M]. New York: Oxford University Press,2012.

[16]Chew, Matthew. Contemporary Re–Emergence of the Qipao/ Political Nationalism, Cultural Production and Popular Consumption of a Traditional Chinese Dress[J]. *The China Quarterly*, 2007(189): 144–161.

[17]Dobres, Marcia–Ann. Archaeologies of technology[J]. *Cambridge journal of economics*,2010(34):103–114.

[18]Edwards, Tim. *Contradictions of consumption concepts practices and politics in consumer society*[M]. Open university press,2000: 106–127.

[19]Fewsmith, Joseph. *Party, State, and Local Elits in Republic China: Merchant Organizations and Politics in Shanghai, 1890–1930*[M]. Honolulu: University of Hawaii Press. 1985:28.

[20]Flitsch, Mareile. Knowledge, Embodiment, Skill and Risk: Anthropological Perspectives on Women's Everyday Technologies in Rural North China [J]. *East Asian Science, Technology and Society: An International Journal*, 2008(2).

[21]Form, W. On the degradation of skills[J]. *Annual Review of Sociology*, 1987, 13(1).

[22]Foucault, M. *The Order of Things*[M]. London: Tavistock, 1970.

[23]Fretter, William B. Is Wine an Art Object? [J]. *The Journal of Aesthetics and Art Criticism*,1971:1(30).

[24]Frow, John. A Pebble, a Camera, a Man Who Turns into a Telegraph Pole[J]. *Critical Inquiry*,2001: 28(1).

[25]Geertz, *Clifford, The Interpretation of Cultures*[M]. New York: Basic, 1973.

[26]Geraci, Victor W. The Family Wine-Farm: Vintibusiness Style[J]. *Agricultural History*, 2000(2): 74:419-32.

[27]Hamilton, Gary. Market, culture and authority: a comparative analysis of management and organization in the far east[J]. *American Journal of Sociology*, 1988(94).

[28]Ihde,D. *Bodies in technology*[M]. Minneapolis: University of Minnesota Press,2002:17,26.

[29]Ingold, Tim. *The perception of the environment: Essays in livelihood, dwelling and skills*[M]. London: routledge, 2000.

[30]Jonathan, S. Tuner. Design Issues for High Performance Active Routers [J]. *IEEE Journal On Selected Areas of Communications*, 2001(31).

[31]Kane, Anne. Cultural Analysis in Historical Sociology: The Analytic and Concrete Forms of the Autonomy of Culture[J]. *Sociological Theory*,1992:9(1).

[32]Kaufman, Jason. Endogenous Explanation in the Sociology of Culture[J]. *Annual Review Sociology*,2004(30).

[33]Kelley, M. Programmable automation and the skill question: A reinter - pretationofthe cross-national evidence[J]. *Human Systems Management*,1986, 6(3).

[34]Knorr,Cetina K. *The Manufacture of Knowledge. An Essay on the Constructivist and Contextual Nature of Science*[M]. Oxford and New York: Pergamon Press, 1981.

[35]Latour, B. *Reassembling the social: an introduction to actor-network-theory*[M]. London: Oxford University Press, 2005:88-93.

[36]Lefebvre, Henri. *Critique of everyday life, vol 2: Foundations for a sociology of the everyday*[M]. Trans, by John Moore, London and New York: 2002.

[37]Lynnn, Jr. White. *Medieval Technology and Social Change*[M]. New York: Oxford University Press. 1978:2,38.

[38]Mackenzie, D. *Knowing Machines: Essays on Technical Change*[M]. Cambridge, MA: MIT Press, 1996.

[39]Mackenzie, D., Wajcman, J. *The social shaping of technology*[M]. Madenhead: Open University Press,1999.

[40]Marx, K. *The Economic and Philosophic Manuscripts of 1844 and the Communist Manifesto*[M]. Amherst, NY: Prometheus Books,1988.

[41]Michael, B. Schiffe. *Anthropological perspectives on technology*[M]. Albuquerque, Nm: University of New Mexico Press, 2001.

[42]Michael, Mike. *Reconnecting Culture, Technology and Nature: From society to heterogeneity*[M]. Routledge, 2000.

[43]Micham, C. *Thinking Through Technology: The Path between Engineering and Philosophy*[M]. Chicago: The University of Chicago Press, 1994.

[44]Mukerji, Chandra. *Impossible engineering: technology and territoriality on the canal Du Midi*[M]. Priceton, Nj: Princeton university press, 2009.

[45]Nelson, R. *Understanding Technical Change as an Evolutionary Process*[M]. Netherland: Elsevier Science Publishers, 1987.

[46]Noev, Nivelin. Land, Wine, and Trade: The Transition of the Romanian Wine Sector[J]. *Eastern European Economics*, 2007(3).

[47]Oakley, A. *Sex, Gender and Society*[M]. London: Temple Smith Press, 1972.

[48]Oudshoorn, Nelly, eds. *How users matter: the co-construction of users and technologies*[M]. Cambridge, Mass: MIT Press, 2003.

[49]Pantzar, M. Domestication of everyday life technology: Dynamic views on the social histories of artifacts[J]. *Design Issues*, 1997:13(3).

[50]Parayil, G. *Conceptualizing Technological Change: The oretical and Empirical Explorations*[M]. Lanham: Rowman and Littlefield Publishers, Inc, 1999.

[51]Pickering, A, ed. *Science as Practice and Culture*[M]. Chicago: University of Chicago Press, 1992.

[52]Pytlik, E, ed. *Technology, Change and Society*[M]. Delmar Publishers Inc,1985.

[53]Russell, W. Belk. Possession and the Extended Self[J]. *Journal of Consumer Research*, 1988(15).

[54]Veblen, Thorstein. *The Theory of the Leisure Class*[M]. Oxford University Press,2009.

[55]Weber, Max. *The protestant ethic and the spirit of capitalism: and other writing*[M]. Penguin Classics,2002.

[56]Westrum, Ron. *Technologies and Society: The Shaping of People and Things*[M]. Wadsworth Pub. Co. ,1991.

[57]Winston, B. *Media, Technology and Society: A History: From the Telegraph to the Internet*[M]. London: Routledge,1998.

[58]Wu, Xiujie. Men Purchase, Women Use: Coping with Domestic Electrical Applicances in Rural China[J]. *East Asian Science, Technology and Society: An International Journal* , 2008(2).

[59]Wuthnow, Robert. New direction in the study of culture[J]. *Annual Review of Sociology*,1988(1).